Pushpendra Singh
Ravindra Singh

Avanços recentes dos direitos de propriedade intelectual na biotecnologia agrícola

Pushpendra Singh
Ravindra Singh

Avanços recentes dos direitos de propriedade intelectual na biotecnologia agrícola

Cenário atual

ScienciaScripts

Imprint

Any brand names and product names mentioned in this book are subject to trademark, brand or patent protection and are trademarks or registered trademarks of their respective holders. The use of brand names, product names, common names, trade names, product descriptions etc. even without a particular marking in this work is in no way to be construed to mean that such names may be regarded as unrestricted in respect of trademark and brand protection legislation and could thus be used by anyone.

Cover image: Disponibilizado pelo autor

This book is a translation from the original published under ISBN 978-620-2-31560-9.

Publisher:
Sciencia Scripts
is a trademark of
Dodo Books Indian Ocean Ltd. and OmniScriptum S.R.L publishing group

120 High Road, East Finchley, London, N2 9ED, United Kingdom
Str. Armeneasca 28/1, office 1, Chisinau MD-2012, Republic of Moldova, Europe
Printed at: see last page
ISBN: 978-620-7-85862-0

Dr. PUSHPENDRA SINGH

Professor Assistente

Escola Agrícola Zila Parishad, Banda

Dr. Ravindra Singh

Professor associado e diretor

Departamento de Ciências Biológicas

Mahatma Gandhi Chitrakoot Gramodaya Vishwavidhyalaya

Dedicado aos meus respeitados pais

Sr. Mohan Lal Patel e Sra. Radha Rani

ÍNDICE DE CONTEÚDOS

Capítulo 1   7

Capítulo 2   12

Capítulo 3   13

Capítulo 4   15

Capítulo 5   17

Capítulo 6   20

Capítulo 7   21

Capítulo 8   24

Capítulo 9   25

Capítulo 10   29

Capítulo 11   33

Capítulo 12   43

Capítulo 13   49

Capítulo 14   57

Capítulo 15   63

Capítulo 16   71

Capítulo 17   76

Capítulo 18   80

Capítulo 19   84

Capítulo 20   88

RESUMO

O investimento das empresas indianas em I&D não é surpreendente, dada a importância da inovação na concorrência. Em 2016, foram registadas 46 904 patentes no país, das quais 6 326 foram concedidas. Entre abril de 2000 e março de 2017, os fluxos cumulativos de IDE para o país totalizaram 332,11 mil milhões de dólares. Por ocasião da 9.ª Cerimónia Nacional de Atribuição de Prémios de Propriedade Intelectual, realizada em abril de 2017, o Ministério do Comércio e da Indústria indicou que estava a esforçar-se por tornar a política de direitos de propriedade intelectual mais rápida e eficaz. Foi também salientada a atenção do governo para a sensibilização para os DPI nas escolas de toda a Índia, através do lançamento de campanhas de sensibilização para os DPI.

A proteção dos direitos de propriedade intelectual aplica-se a bens de natureza imaterial e esta proteção pode assumir a forma de patentes, marcas, direitos de autor, segredos comerciais, etc. A proteção dos direitos de propriedade intelectual concedida a uma invenção biotecnológica, que é objeto de propriedade intelectual, pode assumir a forma de uma proteção por patente de grande importância e valor comercial. A questão de saber se a matéria viva criada através de esforços biotecnológicos deve poder ser patenteada tem sido objeto de fortes divergências de opinião e de amplos debates, e a lei indiana sobre patentes não permite, atualmente, o registo de patentes de matéria viva. No entanto, as variedades vegetais podem ser protegidas ao abrigo da Lei sobre a Proteção das Variedades Vegetais e dos Direitos dos Agricultores. A concessão de proteção da propriedade intelectual a organismos vivos e a variedades de plantas é controversa e tem a forte oposição de ambientalistas e de outros grupos que se opõem à modificação genética ou à engenharia genética, ostensivamente por razões de biossegurança e de saúde pública, mas também porque a concessão de proteção da propriedade intelectual a organismos vivos é inadequada e contrária às leis da natureza. A Índia já fez uma mudança de política significativa a favor da propriedade intelectual no sector das sementes há vinte anos, quando se tornou membro da Organização Mundial do Comércio (OMC) em 1995. Muitas leis existentes foram alteradas, incluindo três alterações à Lei das Patentes de 1970, que permitem o registo de patentes de sementes produzidas por métodos não biológicos, como os utilizados na biotecnologia moderna. Foram também aprovadas novas leis em matéria de propriedade intelectual com impacto na agricultura: a Lei sobre as Indicações Geográficas de 1999 e, sobretudo, a Lei sobre a Proteção das Variedades Vegetais e dos Direitos dos Agricultores (PPV&FR) de 2001, para alinhar o sector das sementes indiano com os requisitos do Acordo TRIPS da OMC.

PREÂMBULO

De acordo com o Serviço Internacional para a Aquisição de Aplicações Agro-Biotecnológicas, a Índia ocupa o quarto lugar em termos de área coberta por culturas geneticamente modificadas. Na Índia, 11,57 milhões de hectares estão cobertos por culturas geneticamente modificadas, principalmente algodão Bt. O quadro regulamentar e político da Índia para a proteção das variedades vegetais não existia no passado, uma vez que este sector era principalmente controlado e dominado pelo sector público e o sector privado tinha apenas um papel mínimo a desempenhar. Com o advento da Revolução Verde, considerou-se que os agricultores deveriam receber mais incentivos e ser encorajados a utilizar sementes de variedades de culturas de maior rendimento sem incorrer em aumentos de preços significativos e que os processos agrícolas associados deveriam continuar a ser rentáveis. Na sequência do estabelecimento de um quadro elaborado, estes departamentos e agências tratam da regulamentação e do controlo de qualquer tipo de utilização indevida de invenções biotecnológicas e também fornecem procedimentos eficazes para a promoção e sensibilização para estas invenções, produtos e serviços.

1 Introdução

Em maio de 2017, o governo central introduziu vários regimes de proteção da PI para as empresas em fase de arranque, a fim de lhes facilitar o registo de patentes e promover a sensibilização e a adoção dos direitos de PI. Além disso, ao abrigo destes regimes, a administração central paga as taxas dos facilitadores por quaisquer patentes, marcas registadas ou desenhos que uma empresa em fase de arranque possa registar. As empresas em fase de arranque apenas têm de suportar o custo das taxas legais. A Índia fez uma importante mudança de política a favor da propriedade intelectual no sector das sementes na década de 1990, quando se tornou membro da Organização Mundial do Comércio (OMC) em 1995. Muitas leis existentes foram alteradas, incluindo três alterações à Lei das Patentes de 19701, que permite o registo de patentes de sementes produzidas por métodos não biológicos, como os utilizados na biotecnologia moderna. Também foram aprovadas novas leis de propriedade intelectual, nomeadamente a Lei das Indicações Geográficas de Mercadorias (Registo e Proteção) de 1999 e, mais importante, a Lei da Proteção das Variedades Vegetais e dos Direitos dos Agricultores (PPV&FR) de 2001, para alinhar o setor das sementes indiano com os requisitos do Acordo TRIPS da OMC (Bhutani, 2016).

A propriedade intelectual, muitas vezes conhecida como PI, permite que as pessoas sejam proprietárias da sua criatividade e inovação da mesma forma que podem ser proprietárias de bens físicos. O proprietário da PI pode controlar e ser recompensado pela sua utilização, incentivando a inovação e a criatividade para benefício de todos. Em alguns casos, a PI dá proteção às ideias, mas noutras áreas uma ideia terá de ser mais desenvolvida antes de poder ser protegida. Muitas vezes, não é possível proteger a PI e obter direitos de PI (ou DPI) até que estes tenham sido solicitados e concedidos, mas algumas protecções de PI, como os direitos de autor, aplicam-se automaticamente, sem registo, logo que exista um registo, de alguma forma, do que foi criado.

Os quatro principais tipos de IP são :

• Patentes - produtos e processos novos e melhorados susceptíveis de aplicação industrial

• Marcas para a identidade da marca - produtos e serviços que distinguem os diferentes retalhistas.

• Desenhos e modelos para a aparência de um produto - a totalidade ou parte de um produto resultante das características, nomeadamente das linhas, contornos, cores, forma, textura ou materiais do próprio produto ou da sua ornamentação.

• Direitos de autor sobre material - material literário e artístico, música, filmes, gravações de som e emissões, incluindo software e multimédia.

No entanto, a propriedade intelectual é muito mais vasta do que isto e estende-se a segredos comerciais, variedades vegetais, indicações geográficas, direitos dos intérpretes, etc. Para compreender exatamente o que pode ser protegido pela propriedade intelectual, terá de verificar as quatro áreas principais de direitos de autor, desenhos e modelos, patentes e marcas registadas, bem como outros tipos de propriedade intelectual. Muitas vezes, vários tipos de propriedade intelectual podem aplicar-se à mesma criação.

Patente

Uma patente confere a um inventor o direito, por um período limitado, de impedir que outros façam, utilizem ou vendam uma invenção sem a autorização do inventor. Trata-se de um acordo entre um inventor e o Estado, no qual o inventor obtém um monopólio de curta duração em troca da publicação da invenção.

As patentes estão relacionadas com os aspectos funcionais e técnicos dos produtos e processos. A maioria das patentes diz respeito a melhorias incrementais de tecnologias conhecidas - uma evolução e não uma revolução. A tecnologia não precisa de ser complexa. Para obter uma patente, devem estar reunidas condições específicas. As principais são: a invenção deve ser nova. A invenção não deve fazer parte do "estado da técnica". O estado da técnica é tudo o que foi disponibilizado ao público antes da data em que o pedido de patente é apresentado. Isto inclui documentos e artigos publicados, mas também a utilização, a exposição, a descrição oral ou qualquer outro meio através do qual a informação é disponibilizada ao público.

• A invenção deve implicar uma atividade inventiva e, para além de ser nova, não deve ser óbvia em relação ao estado da técnica. A obviedade é o ponto de vista de uma pessoa competente no domínio da tecnologia em que a invenção se insere.

• Ser aplicável industrialmente. Esta condição exige que a invenção possa ser fabricada ou utilizada em qualquer tipo de indústria. Uma invenção patenteada é registada num documento de patente. O documento de patente deve incluir

• Descrição da invenção, eventualmente acompanhada de desenhos, suficientemente pormenorizada para permitir a execução da invenção por um perito na matéria.

• As reivindicações definem o âmbito da proteção. A descrição é tida em conta na interpretação das reivindicações. O documento original de um pedido de patente é publicado por um instituto de patentes. O pedido contribui então para o estado da técnica para pedidos subsequentes e qualquer pessoa pode comentar o pedido. Muitas vezes, o documento de patente tem de ser alterado para cumprir as condições acima referidas antes de a patente poder ser concedida. A versão final do documento de patente concedido é então republicada. Se forem descobertas novas informações sobre o estado da técnica após a concessão da patente, o documento de patente pode ser alterado e republicado. Os direitos de patente são territoriais; uma patente do Reino Unido não confere direitos fora do Reino Unido. Os direitos de patente duram até 20 anos no Reino Unido. Algumas patentes, como as relativas a medicamentos, podem beneficiar de uma proteção adicional de cinco anos através de um certificado complementar de proteção. Uma patente pode ser valiosa para um inventor - para além de proteger a sua atividade, as patentes podem ser compradas, vendidas, hipotecadas ou licenciadas a terceiros. Também beneficiam outras pessoas para além do inventor, uma vez que podem ser recolhidas grandes quantidades de informação a partir das patentes de outras pessoas - podem impedi-lo de reinventar coisas ou permitir-lhe monitorizar o que os seus concorrentes estão a fazer. As patentes também incentivam o inventor ou terceiros a desenvolver a sua ideia e, uma vez expirado o prazo da patente, esta pode ser livremente explorada por qualquer pessoa, dando ao inventor acesso a toda a informação de que necessita.

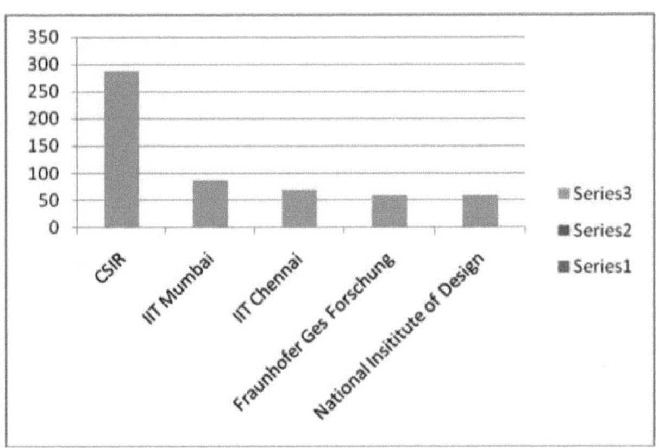

Os 5 principais requerentes de patentes da Índia provenientes dos principais institutos de I&D

Organizações (Fonte: Intellectual Property India Annual Report 2014-15)

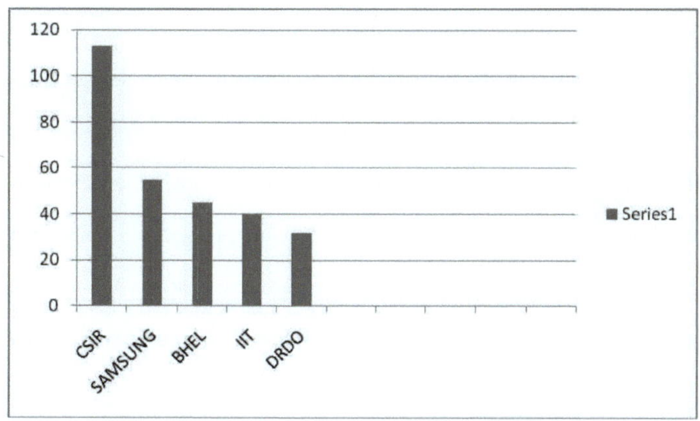

Os 5 principais detentores de patentes indianos (Fonte: Intellectual Property India Annual Report 2014-15)

2 MARCA

Uma marca registada é um sinal que distingue os bens e serviços de um comerciante dos de outro. Um sinal inclui palavras, logótipos, cores, slogans, formas tridimensionais e, por vezes, sons e gestos. Uma marca é, portanto, um "distintivo" de origem comercial. É utilizada como um instrumento de marketing para que os clientes possam reconhecer o produto de um determinado comerciante. Para poder ser registada no Reino Unido, uma marca deve também poder ser representada graficamente, ou seja, por palavras e/ou imagens.

3 DESENHO

Um desenho ou modelo designa a aparência da totalidade ou de parte de um produto resultante das características, nomeadamente das linhas, contornos, cores, forma, textura ou materiais do produto ou da sua ornamentação.

No Reino Unido, os desenhos e modelos são protegidos por três direitos legais:

Direitos de desenhos e modelos registados

• confere ao proprietário o monopólio da conceção do seu produto.

• confere o direito de intentar uma ação judicial contra terceiros que possam infringir o desenho ou modelo e de exigir uma indemnização. pode dissuadir potenciais infracções.

• confere igualmente o direito exclusivo de fabricar, oferecer, colocar no mercado, importar, exportar, utilizar ou armazenar qualquer produto a que o desenho ou modelo tenha sido aplicado ou incorporado, ou de permitir que outros utilizem o desenho ou modelo nas condições acordadas com o titular do registo, no Reino Unido e na Ilha de Man. O registo de um desenho ou modelo confere ao seu titular um monopólio sobre o desenho ou modelo do seu produto, ou seja, o direito, por um período limitado, de impedir que terceiros fabriquem, utilizem ou vendam um produto a que o desenho ou modelo tenha sido aplicado ou em que tenha sido incorporado sem a sua autorização, e acresce a qualquer direito sobre o desenho ou modelo ou proteção de direitos de autor que possa existir automaticamente no desenho ou modelo.

Desenho não registado.

Não se trata de um direito de monopólio, mas sim de um direito de impedir a cópia deliberada. Tem uma duração de 10 anos após a comercialização dos primeiros artigos fabricados a partir do desenho ou modelo, até um limite global de 15 anos a partir da criação do desenho ou modelo. Ao contrário do registo de um desenho ou modelo, não é necessário apresentar um pedido de registo de um direito sobre um desenho ou modelo. Um direito sobre um desenho ou modelo é um ativo que, como qualquer outro ativo comercial, pode ser comprado, vendido ou licenciado.

Direitos de autor artísticos.

Uma obra só pode ser original se for o resultado de um esforço criativo independente. Não será original se tiver sido copiada de algo que já existe. Se for semelhante a algo que já existe, mas não tiver havido uma cópia direta ou indireta da obra existente, pode ser original.

O termo "original" implica também um teste de substancialidade - as obras literárias, dramáticas, musicais e artísticas não serão originais se não tiverem beneficiado de competência e trabalho suficientes para serem criadas. No entanto, por vezes, um investimento significativo de recursos sem um contributo intelectual significativo é considerado competência e trabalho suficientes. Em última análise, só os tribunais podem decidir sobre a originalidade de uma obra, mas há muita jurisprudência que indica, por exemplo, que os nomes e os títulos não têm substância suficiente para serem originais e que, quando uma obra existente é amplamente conhecida, será difícil convencer um tribunal de que não houve cópia se a sua obra for muito semelhante ou idêntica. As gravações de som, os filmes e as edições publicadas não têm de ser originais, mas não constituirão novas obras protegidas por direitos de autor se tiverem sido copiadas de gravações de som, filmes e edições publicadas existentes. Os programas não têm de ser originais, mas não serão protegidos por direitos de autor se, ou na medida em que, violarem os direitos de autor de outro programa.

4 ORGANIZAÇÃO MUNDIAL DO COMÉRCIO (OMC)

A Organização Mundial do Comércio (OMC) é a única organização internacional que trata das regras globais do comércio entre as nações. A sua principal função é assegurar que o comércio flua da forma mais harmoniosa, previsível e livre possível. O resultado é uma certa segurança. Os consumidores e os produtores sabem que podem beneficiar de fornecimentos seguros e de uma escolha mais alargada de produtos acabados, componentes, matérias-primas e serviços que utilizam. Os produtores e os exportadores sabem que os mercados estrangeiros continuarão abertos para eles. O resultado é também um mundo económico mais próspero, pacífico e responsável. As decisões da OMC são geralmente adoptadas por consenso entre todos os países membros e são ratificadas pelos parlamentos dos países membros. As fricções comerciais são canalizadas para o processo de resolução de litígios da OMC, onde a tónica é colocada na interpretação dos acordos e compromissos e na garantia de que as políticas comerciais dos países cumprem esses acordos e compromissos. Desta forma, o risco de os litígios se transformarem em conflitos políticos ou militares é reduzido. Ao reduzir as barreiras comerciais, o sistema da OMC também reduz outras barreiras entre povos e nações.

No centro do sistema - conhecido como sistema comercial multilateral - estão os acordos da OMC, negociados e assinados pela grande maioria das nações comerciais do mundo e ratificados pelos seus parlamentos. Estes acordos constituem as regras jurídicas de base do comércio internacional.

Essencialmente, trata-se de contratos que garantem aos países membros importantes direitos comerciais. Obrigam também os governos a manter as suas políticas comerciais dentro dos limites acordados, no interesse de todos. Os acordos são negociados e assinados pelos governos. Mas o seu objetivo é ajudar os produtores de bens e serviços, os exportadores e os importadores a fazer negócios.

O objetivo é melhorar o bem-estar das populações dos países membros. A OMC é por vezes descrita como uma instituição de "comércio livre", o que não é inteiramente exato. O sistema autoriza direitos aduaneiros e, em circunstâncias limitadas, outras formas de proteção. Mais precisamente, trata-se de um sistema de regras destinadas a assegurar uma concorrência aberta, equitativa e sem distorções. As regras de não-discriminação (NMF e tratamento nacional) têm por objetivo assegurar condições comerciais equitativas. O mesmo se aplica às regras relativas ao dumping (exportação abaixo do custo para ganhar quota de mercado) e às subvenções. As questões são complexas e as regras tentam estabelecer o que é justo ou injusto e a forma como os governos podem reagir, por exemplo, através da imposição de direitos de importação adicionais calculados para compensar os prejuízos causados pelo comércio desleal.

Muitos outros acordos da OMC têm por objetivo apoiar a concorrência leal: na agricultura, na propriedade intelectual e nos serviços, por exemplo. O Acordo sobre Contratos Públicos (um acordo "plurilateral" porque é assinado apenas por alguns membros da OMC) alarga as regras de concorrência às compras efectuadas por milhares de entidades públicas em muitos países, etc.

5 ACORDOS OMC

Como é que podemos garantir que o comércio é tão justo e tão livre quanto possível? Negociando regras e respeitando-as. As regras da OMC - os acordos - são o resultado de negociações entre os membros. O conjunto atual é o resultado das negociações do Uruguay Round (1986-1994), que incluíram uma importante revisão do Acordo Geral sobre Pautas Aduaneiras e Comércio (GATT). O GATT é atualmente o principal quadro regulamentar da OMC para o comércio de mercadorias. O Uruguay Round criou também novas regras para o comércio de serviços, aspectos relevantes da propriedade intelectual, resolução de litígios e revisão da política comercial. O pacote tem cerca de 30 000 páginas e é constituído por cerca de sessenta acordos e compromissos distintos (conhecidos como calendários) assumidos por membros individuais em domínios específicos, tais como a redução das taxas pautais e a abertura dos mercados de serviços. Estes acordos proporcionam aos membros da OMC um sistema comercial não discriminatório que estabelece os seus direitos e obrigações. Cada país recebe uma garantia de que as suas exportações serão tratadas de forma justa e coerente nos mercados de outros países. Cada país compromete-se a fazer o mesmo relativamente às importações para o seu próprio mercado. O sistema também confere aos países em desenvolvimento alguma flexibilidade na aplicação dos seus compromissos.

Imóveis

Tudo começou com o comércio de mercadorias. De 1947 a 1994, o GATT foi o fórum de negociação da redução dos direitos aduaneiros e de outros entraves ao comércio; o texto do Acordo Geral estabelecia regras importantes, nomeadamente a não discriminação. Desde 1995, o GATT atualizado tornou-se o acordo-quadro da OMC para o comércio de mercadorias. Inclui anexos que tratam de sectores específicos, como a agricultura e os têxteis, e de questões específicas, como o comércio estatal, as normas dos produtos, os subsídios e as medidas anti-dumping.

Serviços

Os bancos, as companhias de seguros, as empresas de telecomunicações, os operadores turísticos, as cadeias hoteleiras e as empresas de transportes que pretendam desenvolver actividades no estrangeiro podem agora beneficiar dos mesmos princípios de um comércio mais livre e mais equitativo que se aplicavam inicialmente ao comércio de mercadorias. Estes princípios estão estabelecidos no novo Acordo Geral sobre o Comércio de Serviços (GATS). Os membros da OMC assumiram também compromissos individuais no âmbito do GATS, indicando os sectores de serviços que estão dispostos a abrir à concorrência estrangeira e o grau de abertura desses mercados.

Propriedade intelectual

O acordo da OMC sobre a propriedade intelectual consiste em regras para o comércio e o investimento em ideias e criatividade. Estas regras especificam a forma como os direitos de autor, as patentes, as marcas registadas, os nomes geográficos utilizados para identificar produtos, os desenhos industriais, os desenhos de circuitos integrados e as informações não divulgadas, como os segredos comerciais - "propriedade intelectual" - devem ser protegidos quando comercializados.

Resolução de litígios

O procedimento da OMC para a resolução de litígios comerciais ao abrigo do Memorando de Entendimento sobre a Resolução de Litígios

A OMC é essencial para garantir que as regras são respeitadas e que o comércio flui sem problemas. Os países recorrem à OMC quando consideram que os seus direitos ao abrigo dos acordos não estão a ser respeitados. As decisões proferidas por peritos independentes especialmente nomeados baseiam-se na interpretação dos acordos e dos compromissos assumidos pelos vários países. O sistema incentiva os países a resolverem os seus litígios através de consultas. Caso contrário, podem seguir um procedimento passo a passo cuidadosamente estabelecido, que inclui a possibilidade de uma decisão de um painel de peritos e a possibilidade de recorrer da decisão com base em fundamentos jurídicos. A confiança no sistema é confirmada pelo número de casos apresentados à OMC - cerca de 300 casos em oito anos, em comparação com 300 litígios tratados durante todo o período do GATT (1947-94).

Revisão de políticas

O objetivo do mecanismo de revisão da política comercial é melhorar a transparência, aumentar a compreensão das políticas adoptadas pelos países e avaliar o seu impacto. Muitos membros encaram também as revisões como um feedback construtivo sobre as suas políticas. Todos os membros da OMC devem submeter-se a um exame periódico, cada um dos quais inclui relatórios do país em causa e do secretariado da OMC.

6 PAÍSES EM DESENVOLVIMENTO DESENVOLVIMENTO E COMÉRCIO

Mais de três quartos dos membros da OMC são países em desenvolvimento ou menos desenvolvidos. Todos os acordos da OMC contêm disposições especiais para estes países, incluindo prazos mais alargados para a aplicação de acordos e compromissos, medidas para aumentar as suas oportunidades comerciais, disposições que exigem que todos os membros da OMC salvaguardem os seus interesses comerciais e apoio para os ajudar a construir as infra-estruturas necessárias para o trabalho da OMC, gerir litígios e aplicar normas técnicas. A Conferência Ministerial de Doha, em 2001, definiu tarefas, incluindo negociações, para uma vasta gama de questões relativas aos países em desenvolvimento. Alguns referem-se a estas novas negociações como a Ronda de Desenvolvimento de Doha. Antes disso, em 1997, uma reunião de alto nível sobre iniciativas comerciais e assistência técnica aos países menos desenvolvidos resultou num "quadro integrado" que envolveu seis agências intergovernamentais, para ajudar os países menos desenvolvidos a aumentar a sua capacidade comercial, bem como algumas disposições adicionais de acesso preferencial ao mercado.

Um Comité da OMC para o Comércio e o Desenvolvimento, assistido por um Subcomité para os Países Menos Desenvolvidos, aborda as necessidades específicas dos países em desenvolvimento. É responsável pela aplicação dos acordos, pela cooperação técnica e por uma maior participação dos países em desenvolvimento no sistema comercial mundial.

7 IMPLICAÇÕES DA DPI E DA TECNOLOGIA AGRÍCOLA

A dinâmica e a interação dos DPI e das inovações tecnológicas têm múltiplos impactos. Estes podem ser divididos em três categorias: sociais, económicos e ecológicos. Dadas as particularidades da agricultura indiana, a escala destes impactos será múltipla. O regime de DPI influencia não só a carteira de investigação, mas também os contornos do desenvolvimento tecnológico. O principal objetivo da proteção é partilhar os benefícios com os inovadores. Consequentemente, as implicações económicas não são apenas predominantes, mas também as mais óbvias. As outras duas consequências do acesso às novas tecnologias são de carácter social e ecológico. Estes três impactos não se excluem mutuamente e sobrepõem-se frequentemente.

Implicações sociais

O impacto social das novas tecnologias pode ser visto em termos da sua influência na equidade. Outra questão importante diz respeito ao "efeito de escala". Estas questões podem ser explicadas utilizando o exemplo da Revolução Verde. Esta tecnologia de sementes e fertilizantes era sobretudo aplicável em regiões onde a irrigação estava assegurada. Estas tecnologias contribuíram para o agravamento das disparidades regionais. No entanto, de um ponto de vista global, a revolução foi um grande sucesso, que tornou possível alcançar o tão desejado objetivo de autossuficiência em cereais alimentares. Por conseguinte, a dimensão e a natureza das implicações sociais variam consoante a categoria da tecnologia. As tecnologias baseadas no conhecimento e as tecnologias de conservação dos recursos naturais têm um impacto positivo na sociedade. Devido à sua natureza (bem público), o bem-estar social líquido aumenta consideravelmente. Algumas tecnologias, como as variedades de alto rendimento e os híbridos, requerem uma utilização intensiva de factores de produção, pelo que têm um impacto misto na sociedade. O impacto positivo predominante (+ + -) mascara os efeitos negativos. O melhoramento do rendimento através do melhoramento convencional é um exemplo ideal.

O aumento das populações e a aceleração do crescimento económico implicam a intensificação das práticas agrícolas para satisfazer a procura crescente de alimentos. Esta procura diz respeito não só à quantidade de alimentos produzidos, mas também à sua qualidade. Há uma consciência crescente de que alguns destes desafios podem ser enfrentados através de abordagens mais inovadoras do desenvolvimento tecnológico e da criação de sistemas de divulgação mais concertados, que beneficiem um leque mais alargado de interessados. Apesar dos êxitos registados no aumento da produção de cereais ao longo das quatro décadas que permitiram à Índia alcançar a segurança alimentar, reconhece-se agora que algumas das práticas existentes exerceram pressão sobre os recursos naturais, incluindo a água e o solo. As questões que conduzem à crise energética, à deterioração da saúde dos solos e à diminuição dos recursos hídricos são alguns dos domínios críticos que exigem abordagens mais inovadoras para tornar a agricultura mais sustentável (Kalpana Sastry et al, 2010a). Tendo em conta o princípio orientador do crescimento inclusivo, a abordagem atual a nível nacional consiste em reconstruir a agricultura como uma importante fonte de geração de meios de subsistência nos sectores agrícola e não agrícola e em assegurar a existência de alimentos adequados e nutritivos para a população em crescimento. Por exemplo, a recente iniciativa do Governo da Índia através do SETU (SelfEmployment and Talent Utilization), sob a égide da Instituição Nacional para a Transformação da Índia (NITI Aayog, 2016), é um desses passos, com várias oportunidades para apoiar as empresas em fase de arranque e outras actividades de autoemprego, particularmente em áreas orientadas para a tecnologia, incluindo as que têm impacto nos sistemas agrícolas (AFS).

8 PROPRIEDADE INTELECTUAL E GESTÃO TECNOLÓGICA NO SISTEMA ICAR

O programa de PI&TM lançado pelo CISA em 2008 é um motor da implementação da política (CISA, 2014). A capacitação da força de trabalho envolvida no programa foi o principal objetivo do processo de implementação inicial, que levou a uma série de programas de sensibilização e consciencialização. Estas iniciativas resultaram no aparecimento de um grupo de cerca de 100 profissionais de PI formados em todo o sistema. Apesar das apreensões iniciais quanto à proteção da PI como forma de estimular o investimento na investigação agrícola (Kumar e Sinha, 2015), estas fases iniciais de concessão de subvenções ao abrigo do regime UIMT conduziram ao desenvolvimento de um ecossistema de PI dinâmico no âmbito do NARES. Em termos de ganhos visíveis, o número de registos em várias categorias de PI aumentou significativamente nos últimos dez anos (ICAR, 2014c). O recente reconhecimento do ICAR como organização através do "Thomson Reuters India Innovation award 2015" é outro testemunho deste facto (Thomson Reuters 2016). Assim, um mecanismo de governação viável (ICAR,2 014a) cria um ambiente propício e exige uma compreensão das leis regulamentares e estatutárias do país para um melhor posicionamento das tecnologias e dos produtos e serviços conexos nos mercados. Só assim será possível criar melhores oportunidades para as empresas do sector.

9 PROTECÇÃO DOS DIREITOS DE PROPRIEDADE INTELECTUAL E AGRICULTURA BIOTECNOLÓGICA

Até ao AF25, espera-se que a indústria indiana de biotecnologia cresça de 27,58 mil milhões de dólares em 2016 para 100 mil milhões de dólares. A produção de proteínas e anticorpos e o fabrico de chips de proteínas para diagnóstico são áreas promissoras para o investimento. A investigação em células estaminais, a engenharia celular e as terapias celulares são outros domínios em que a Índia irá tirar partido das suas competências.

Foi identificada a necessidade de um regime de proteção dos DPI amplo e abrangente, uma vez que várias invenções e matérias, tal como acima referido, têm sido utilizadas de forma abusiva e o inventor, sem direitos exclusivos ou proteção adequada das suas invenções, tem sido desencorajado de investir tempo, esforço e dinheiro em desenvolvimentos futuros, o que resulta num abrandamento da taxa de invenções e inovações. A Índia faz parte da comunidade global que procura estabelecer um quadro justo e abrangente para a proteção dos direitos de propriedade intelectual. A proteção dos direitos de propriedade intelectual aplica-se a activos de natureza intangível e esta proteção aplica-se sob a forma de patentes, marcas registadas, direitos de autor, segredos comerciais, etc. A proteção dos direitos de propriedade intelectual conferida a uma invenção biotecnológica, que é objeto de propriedade intelectual, pode assumir a forma de uma proteção por patente de grande importância e valor comercial. A questão de saber se a matéria viva criada através de esforços biotecnológicos deve poder ser patenteada tem sido objeto de fortes divergências de opinião e de amplos debates, e a lei indiana sobre patentes não permite, atualmente, o registo de patentes de matéria viva. No entanto, as variedades vegetais podem ser protegidas ao abrigo da Lei sobre a Proteção das Variedades Vegetais e dos Direitos dos Agricultores. A concessão de proteção da propriedade intelectual a organismos vivos e a variedades de plantas é controversa e sofre forte oposição de ambientalistas e de outros grupos que se opõem à modificação genética ou à engenharia genética, ostensivamente por razões de biossegurança e de saúde pública, mas também porque a concessão de proteção da propriedade intelectual a organismos vivos é inadequada e contrária às leis da natureza. Existe uma preocupação generalizada de que a proteção dos direitos de propriedade intelectual possa minar a soberania e a segurança alimentar e conduzir a um abuso da concorrência através da criação e perpetuação de um pequeno número de grandes actores, cada vez mais numerosos, que controlam a tecnologia e os direitos de produção dos produtos agrícolas.

A proteção de diferentes sementes, culturas e variedades alimentares tornou-se também uma das novas áreas de proteção dos direitos de propriedade intelectual. Estas variedades são protegidas pelos direitos dos obtentores ou pelos direitos dos agricultores (principalmente nos países em desenvolvimento). Este tipo de proteção concedida aos organismos vivos, como as plantas e os animais, pode ter um impacto negativo ou positivo na conservação, disponibilidade e utilização dos recursos genéticos vegetais e animais. Considera-se que a concessão de proteção por patente ou de qualquer outro tipo de direitos de propriedade intelectual pode beneficiar ou prejudicar as perspectivas de desenvolvimento futuro. No caso dos direitos de obtentor, o obtentor goza de direitos exclusivos para comercializar a invenção biotecnológica e, no que se refere aos agricultores, estes estão igualmente isentos de proteção e são autorizados a utilizar a variedade para novas selecções, replantação de sementes, etc.

Como vimos acima, até agora tentámos explorar e definir um único tipo de proteção dos direitos de propriedade intelectual, nomeadamente o regime de patentes para a proteção das invenções biotecnológicas.

Mas também podem ser protegidas por outros meios de reconhecimento, nomeadamente marcas, segredos comerciais, proteção de direitos de autor e indicações geográficas. As invenções biotecnológicas não estão limitadas e restringidas apenas às patentes, podendo também ser protegidas por estes outros meios. Como são objeto de direitos de propriedade intelectual, estas propriedades podem ser compradas, vendidas, transferidas ou licenciadas. Foram estabelecidas disposições expressas nos quadros jurídicos de muitos países para proteger e reconhecer o interesse exclusivo do inventor no objeto da patente. A natureza dos direitos de propriedade intelectual que devem ser concedidos a qualquer invenção biotecnológica dependerá de certos factores e circunstâncias e pode variar de caso para caso; não se pode, portanto, dizer que tais invenções serão protegidas apenas pelo regime de patentes, marcas registadas ou direitos de autor, etc. Além disso, será analisado o tipo de quadro regulamentar e político existente na Índia e a nível mundial, principalmente na UE e nos EUA. Estas políticas e regulamentos ajudam a definir os métodos, as razões e as condições de proteção das culturas e das variedades vegetais, bem como a promover a diversidade biológica e ecológica. O investimento das empresas indianas em I&D não é surpreendente, dada a importância da inovação na concorrência. Em 2016, foram registadas 46.904 patentes no país, das quais 6.326 foram concedidas. Entre abril de 2000 e março de 2017, o total acumulado de entradas de IDE no país foi de 332,11 mil milhões de dólares.

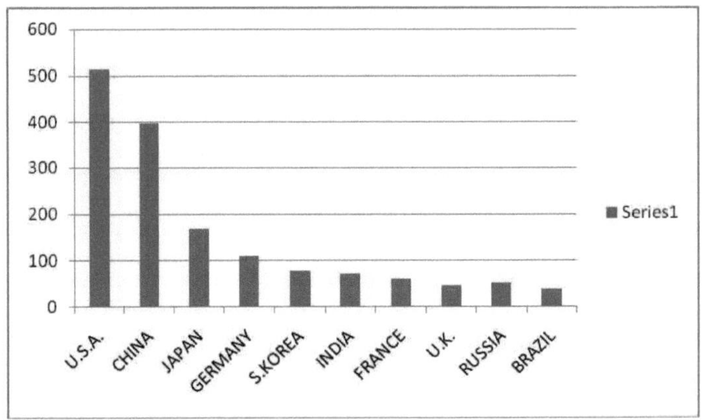

Despesas previstas em I&D pelos principais investidores mundiais em 2016 (mil milhões de dólares)

(Fonte: Nature Magazine, Battelle, TechSci Research)

10 BIOTECNOLOGIA AGRÍCOLA E SEU IMPACTO

Os progressos científicos no domínio do melhoramento vegetal conduziram à "revolução verde", considerada uma das realizações mais importantes no domínio da alimentação do mundo no último século. As culturas de cereais de base, em especial o trigo, o arroz e o milho, foram os principais objectivos da "revolução verde". [thth]No final do século XX, foram colhidos 370 kg de cereais por pessoa, em comparação com apenas 275 kg em meados do século XX (um aumento de mais de 33% per capita). Relativamente a outras culturas, os ganhos desde o início da década de 1960 foram de cerca de 20%. Em termos simples, isto permitiu aliviar a fome e a subnutrição de quase mil milhões de pessoas. [st]No entanto, a abordagem da "revolução verde" parece ter sido explorada até aos seus limites e são necessárias abordagens alternativas para continuar a melhorar as plantas e os animais para a agricultura do século XXI. Isto será muito importante se considerarmos que cerca de 12% da superfície terrestre do mundo é cultivada e que a área per capita necessária para a produção de alimentos passará de 0,44 ha em 1961 para 0,15 em 2050.

A Índia tem potencial para se tornar um dos principais produtores de arroz transgénico e de vários produtos hortícolas geneticamente modificados (GM) ou artificiais.

• As sementes híbridas, incluindo as sementes geneticamente modificadas, representam novas oportunidades comerciais na Índia, com base na melhoria dos rendimentos.

• De acordo com o Serviço Internacional para a Aquisição de Aplicações Agro-Biotecnológicas, a Índia ocupa o quarto lugar em termos de área coberta por culturas geneticamente modificadas.

• Na Índia, 11,57 milhões de hectares estão cobertos por culturas geneticamente modificadas, a maior parte das quais é algodão Bt.

• No âmbito do 12º plano quinquenal, o DBT propôs apoiar 10 universidades agrícolas com subvenções à I&D para promover a I&D no sector agrícola.

- No orçamento da União para o exercício de 2017, o governo, no âmbito do Programa de Assistência à Irrigação Acelerada (AIBP), assegurará a conclusão de 23 projectos de irrigação até março de 2017.

Atualmente, a biotecnologia oferece novas e melhores formas de complementar os instrumentos de seleção convencionais para o melhoramento genético das culturas e do gado. A biotecnologia oferece novas formas de conseguir uma maior intensidade de seleção, por exemplo através de técnicas in vitro, ou uma seleção mais objetiva de indivíduos utilizando marcadores genéticos. Do mesmo modo, as plantas geneticamente modificadas (conhecidas como transgénicas ou OGM) oferecem novos métodos para inserir novos genes no conjunto de seleção, melhorando assim a qualidade da nova variedade. Vejamos agora alguns exemplos da nova biotecnologia e indiquemos o valor que estes novos produtos podem ter para o mundo em desenvolvimento.

As aplicações mais comuns e bem sucedidas da biotecnologia para melhorar as culturas e a pecuária são as seguintes

- Cultura de células e de tecidos. Trata-se da cultura de células vegetais para produzir indivíduos uniformes ou para reduzir o número de anos necessários para produzir e difundir novas variedades. As técnicas de cultura de tecidos aumentaram consideravelmente a produção de mandioca, inhame, bananas e plátanos, palmeiras e batatas, para citar apenas alguns exemplos.

- Engenharia genética para resistência a pragas e doenças. Centenas de milhões de hectares de culturas geneticamente modificadas são atualmente cultivados na América do Norte e na Argentina, e alguns países em desenvolvimento, nomeadamente a China, estão a mostrar um interesse crescente.

- A impressão digital do ADN, utilizada em medicina forense, está a ser utilizada para compreender melhor a diversidade dos agentes patogénicos, o que pode permitir antecipar falhas na resistência das plantas hospedeiras a pragas e doenças.
- Uma melhor gestão das instalações de armazenamento de sementes, conhecidas como bancos de genes, e um maior conhecimento da biodiversidade podem ser alcançados através de análises assistidas por moléculas. Quanto mais soubermos sobre esta diversidade genética, mais poderemos aplicá-la na produção de material mais produtivo e resistente.
- A localização de genes num cromossoma através de marcadores de ADN permitirá aos cientistas produzir plantas e animais feitos à medida, com tolerância específica a doenças e parasitas.
- Novas ferramentas para testar parasitas e doenças e para detetar contaminantes alimentares perigosos. Estas técnicas ajudar-nos-ão a produzir não só mais alimentos, [mas também alimentos mais nutritivos e seguros, porque podem conter menos toxinas e/ou pesticidas.

Principais condicionalismos e oportunidades

A biotecnologia pode proporcionar novas formas de acrescentar valor aos produtos agrícolas em bruto. Por exemplo, a cultura in vitro de partes comestíveis de culturas alimentares ou a transformação de plantas em produtoras de produtos químicos de elevado valor acrescentado. O termo "Pharming" (derivado de Pharmaceutical) foi cunhado para descrever um novo sistema em que as capacidades de produção de medicamentos são incorporadas na planta. Um grupo de investigação do Instituto Boyce Thomson da Universidade de Cornell já modificou bananeiras para produzir vacinas. A planta funciona como uma fábrica de medicamentos.

A identificação, o isolamento e a clonagem de novos genes que controlam características específicas facilitarão também o desenvolvimento de germoplasma mais estável e diversificado, com maior resistência a doenças e pragas, tolerância ao stress, melhor qualidade alimentar e maior produtividade. Por exemplo, os genes que permitem um ciclo de cultura mais curto ou uma estrutura vegetal modificada abrirão caminho a novos sistemas de cultivo.

No entanto, os cruzamentos convencionais continuarão a ser necessários para testar e transferir estes genes para os grupos de melhoramento avançados da cultura. Além disso, devem ser criados sistemas de distribuição de sementes de genótipos melhorados para promover a utilização de novas cultivares, o que melhorará e estabilizará a produção agrícola, os rendimentos agrícolas e o bem-estar das famílias de agricultores. Em suma, os novos instrumentos da biotecnologia não podem, por si só, dar resposta ao melhoramento genético, mas facilitam e aceleram o ritmo de desenvolvimento de novas cultivares.

Algumas das actuais realizações das aplicações da biotecnologia para melhorar a agricultura estão a exceder as expectativas iniciais e as perspectivas parecem ainda mais promissoras. No entanto, a concretização e o impacto da biotecnologia dependem não só dos progressos demonstrados na investigação e na tecnologia resultantes das suas aplicações, mas também de quadros regulamentares favoráveis criados pelos governos nacionais (ou através de acordos regionais) e de <u>uma aceitação pública positiva.</u>

11 REGIMES REGULAMENTARES DE PROTECÇÃO E DIREITOS DE PROPRIEDADE INTELECTUAL NO SECTOR DA AGRO-BIOTECNOLOGIA

Cenário indiano: quadro regulamentar

O quadro regulamentar e político da Índia para a proteção das variedades vegetais não existia no passado, uma vez que este sector era principalmente controlado e dominado pelo sector público e o sector privado tinha muito pouco papel a desempenhar. Com o advento da Revolução Verde, considerou-se que os agricultores deviam receber mais incentivos e ser encorajados a utilizar sementes de variedades de culturas de maior rendimento sem incorrer em aumentos de preços significativos e que os processos agrícolas associados deviam continuar a ser rentáveis. Tendo criado um quadro elaborado, estes departamentos e agências tratam da regulamentação e do controlo de qualquer tipo de utilização indevida de invenções biotecnológicas e também fornecem procedimentos eficazes para a promoção e sensibilização para estas invenções, produtos e serviços.

No que diz respeito ao sector da agro-biotecnologia, as várias leis e regulamentos adoptados pelo legislador indiano são os seguintes,

- Ministério da Agricultura/ICAR

- A Lei sobre a Proteção das Variedades Vegetais e dos Direitos dos Agricultores de 2001 (a seguir designada "Lei sobre a Proteção das Variedades Vegetais e dos Direitos dos Agricultores") é um dos principais diplomas legislativos elaborados em conformidade com as disposições do Acordo sobre a Propriedade Intelectual Relacionada com o Comércio.

- (TRIPS), que trata de um sistema sui generis de proteção das variedades vegetais e das culturas no país.

- Lei das Sementes, de 1996, que foi promulgada para regulamentar e controlar a qualidade das sementes e questões conexas.

- O Plant Fruits and Seeds (Regulation of Import into India) Order, 2003, foi substituído pelo Plant Quarantine (Regulation Of Import Into India) Order, 2003, e tem por objetivo proibir e regulamentar a importação para a Índia dos produtos agrícolas enumerados.

  - Ministério do Ambiente e das Florestas

- Lei da Diversidade Biológica, 2002, uma lei destinada a garantir a utilização sustentável dos seus componentes e a partilha justa e equitativa dos benefícios decorrentes da utilização dos recursos e conhecimentos biológicos, bem como de questões conexas ou acessórias.
- Rules for Manufacture, Use, Import, Export and Storage of Hazardous Microorganisms and Genetically Engineered Organisms or Cells (Regras para o fabrico, utilização, importação, exportação e armazenamento de microrganismos perigosos e organismos ou células geneticamente modificados), 1989, que é o regulamento de biossegurança ao abrigo da Lei de Proteção Ambiental de 1986.

Debate sobre o Acordo TRIPS: Proteção conferida por patentes ou proteção sui generis das variedades vegetais

O Acordo sobre os Direitos de Propriedade Intelectual Relacionados com o Comércio (TRIPS) é um instrumento da Organização Mundial do Comércio (OMC) relativo à proteção e ao reconhecimento de objectos inventados e que estabelece um quadro normalizado para os direitos de propriedade intelectual. Na Índia, a Lei das Patentes de 1970 foi também redigida e promulgada em conformidade com as disposições do TRIPS no contexto indiano.

O Acordo TRIPS também inclui e estabelece determinadas disposições relativas a patentes para a aplicação de regimes de patentes eficazes nos vários Estados membros da OMC. Os artigos 27º a 34º do Acordo TRIPS enumeram directrizes rigorosas em matéria de patentes, que constituem princípios orientadores, tais como

As patentes devem estar disponíveis de acordo com os mesmos critérios de patenteabilidade que os da Convenção sobre a Patente Europeia (CPE) para todos os domínios da tecnologia, incluindo as patentes de produtos farmacêuticos (artigo 27.º).

Os direitos de patente não devem discriminar o facto de os produtos serem fabricados localmente ou importados (artigo 27.º).

Disposições que definem o que constitui infração: importação de um produto patenteado (alínea a) do n.º 1 do artigo 28.º) e utilização, venda ou importação do produto direto de um processo patenteado (alínea b) do n.º 1 do artigo 28.º).

As licenças obrigatórias só serão autorizadas em condições estritas (artigo 31.º).

A duração da patente deve ser de, pelo menos, 20 anos a contar da data de apresentação do pedido (artigo 33.º). Em conformidade com as disposições transitórias (n.º 2 do artigo 70.º), esta disposição deve aplicar-se igualmente às patentes já concedidas.

Inversão do ónus da prova para as patentes de processo (artigo 34.º).

O artigo 27.º do Acordo TRIPS tem sido objeto de debate e está em curso um processo de análise aprofundada, sob a égide da OMC, por parte dos Estados membros, a fim de resolver quaisquer divergências que possam surgir na interpretação desta disposição. A questão fundamental é saber se os organismos vivos podem ser objeto de uma patente válida. O artigo 2719º da Secção 5 do Acordo TRIPS trata da matéria patenteável no caso das invenções. O n.º 3 do artigo 27.º do Acordo TRIPS trata especificamente da exclusão de certos tipos de organismos, processos e procedimentos da patenteabilidade. Nos termos do n.º 2 do artigo 27.º do Acordo TRIPS, o principal objetivo da exclusão de certos tipos de invenções é o facto de estas invenções, se patenteadas, poderem conduzir a uma violação da ordem pública, dos princípios éticos e morais e causar graves danos ao ambiente, como a patenteabilidade de várias formas de vida, incluindo seres humanos, animais, plantas ou qualquer parte destas. Isto pode constituir uma séria ameaça aos princípios da natureza, uma vez que a vida também pode ser um motivo para a concessão de proteção por patente, o que violaria cláusulas éticas e morais e as leis da natureza e da seleção natural. Do que precede resulta claramente que o regime de patentes, tanto a nível internacional como nacional, desencoraja o registo de patentes de organismos vivos, uma vez que a lei indiana sobre patentes de 1970 também consagra este princípio (estabelecido no n.º 3 do artigo 27.º do Acordo TRIPS) nas alíneas h), i) e j) do artigo 3. Embora o n.º 3 do artigo 27.º do Acordo ADPIC exclua a patenteabilidade dos organismos vivos e de certos tipos de processos e procedimentos, a alínea b) do n.º 3 do artigo 27.º do Acordo ADPIC continua a exigir que os Estados-Membros instituam um sistema eficaz de proteção da patenteabilidade das variedades vegetais, quer através de um sistema de patentes eficaz, quer através de um método de proteção sui generis, quer ainda através de uma combinação destes dois métodos. A opção de seguir e adotar um ou outro destes sistemas de proteção foi deixada aos Estados-Membros para decidirem em função das circunstâncias e situações. As partes têm a possibilidade de optar por excluir e proibir a patenteabilidade de plantas e animais, uma vez que, no n.º 3 do artigo 27.º, a expressão utilizada para a exclusão de certos tipos de invenções é "os membros podem igualmente excluir da patenteabilidade", o que significa que os membros têm a possibilidade de excluir ou incluir plantas e animais, todas as formas de vida e outras técnicas e processos mencionados no n.º 3 do artigo 27. Isto pode, por conseguinte, conduzir a um debate ético e a implicações sociais, nomeadamente para os países em desenvolvimento.

A Índia adoptou um sistema sui-generis para a proteção das variedades vegetais, que não se baseia em patentes. O nº 3, alínea b), do artigo 27º é de grande importância para a Índia, pois prevê uma legislação abrangente e específica sobre a proteção das variedades vegetais. A principal razão para a adoção de um sistema sui-generis é que a Índia possui uma grande diversidade de raças locais, recursos agrícolas e conhecimentos indígenas e tradicionais. A Índia dispõe de uma forte base de I&D em métodos de reprodução convencionais.

A importância dos procedimentos de licenciamento obrigatório

O Estado desempenha um papel importante na concessão de um procedimento de licença obrigatória, uma vez que a licença obrigatória consiste essencialmente em duas partes, nomeadamente um comprador e um vendedor interessados, o que constitui um contrato involuntário entre estas duas entidades que é aplicado pelo Estado22 .

Quando uma patente dependente é bloqueada ;

Quando uma patente não é explorada ;

Quando a invenção é de interesse público, como alimentos ou medicamentos e outros produtos essenciais.

A concessão de licenças obrigatórias é um remédio essencial contra qualquer forma de prática anti-concorrencial relacionada com os direitos de propriedade intelectual. Entre as razões mais comuns para invocar disposições relativas à concessão de licenças obrigatórias contam-se a recusa de transação ou práticas anticoncorrenciais por parte dos titulares de patentes. A "recusa de transação" é reconhecida como uma indicação potencial de comportamento anticoncorrencial em muitas jurisdições, como a China, a Argentina, Israel, etc. Num caso importante decidido pelo Supremo Tribunal dos Estados Unidos, Continental Paper Bag Co. v. Eastern Paper Bag Co.24 , foi afirmado que ... a capacidade de excluir os concorrentes da utilização de uma nova patente pode ser considerada como parte da própria essência dos direitos conferidos pela patente, tal como é privilégio de qualquer proprietário utilizar ou não utilizar, sem qualquer questão de motivo. Além disso, se considerarmos brevemente outras jurisdições, como o Reino Unido e os Estados Unidos, no primeiro caso, a recusa de negociar pode conduzir a uma licença obrigatória;

Não é fornecido um mercado de exportação; ou

A exploração de qualquer outra invenção patenteada que dê um contributo substancial seja impedida; ou

O estabelecimento de actividades comerciais ou industriais no país é injustamente comprometido;

Guião internacional

Patentes de plantas no Instituto Europeu de Patentes (IEP)

A Convenção sobre a Patente Europeia (CPE) de 1973 proíbe expressamente o registo de patentes de organismos vivos, como plantas e variedades animais, nos termos da alínea b) do artigo 53. O regime de propriedade intelectual no contexto da UE oferece algumas opções sobre a questão da proteção das variedades vegetais35 . Mas, mesmo na CPE, os "processos microbiológicos ou produtos derivados" foram excluídos da proteção da propriedade intelectual, tal como previsto no Acordo TRIPS.

No Reino Unido, a promulgação do Plant Varieties and Seeds Act em 1964 foi um dos principais catalisadores do aparecimento dos direitos dos obtentores de plantas. Este regime de proteção garante a proteção das variedades vegetais contra a biopirataria e a violação das licenças, concedendo direitos aos obtentores. Este regime de proteção garante a proteção das variedades vegetais contra a biopirataria e a infração das licenças, concedendo direitos aos obtentores. No entanto, este tipo de proteção concedido às variedades vegetais não é idêntico à proteção por patente, uma vez que se limita apenas à venda da variedade e não à sua utilização. Este facto enfraqueceu o sistema. A produção de variedades vegetais não era considerada uma atividade inventiva no âmbito do sistema europeu de patentes, pelo que não era elegível para proteção por patente, mas podia ser protegida por direitos de obtentor. As condições estabelecidas para satisfazer os critérios de elegibilidade para essa proteção eram os critérios de distinção, homogeneidade e estabilidade, geralmente conhecidos como o "teste DUS". Posteriormente, a novidade foi também acrescentada a estes critérios.

Critérios de exame do DUS de acordo com a UPOV 1991. Contudo, a UPOV 1991 tenta eliminar o compromisso entre a proteção das variedades vegetais e os regimes de patentes. Num acórdão histórico proferido pelo IEP em 1984, a exclusão das variedades vegetais da proteção por patente foi interpretada de forma muito restritiva. O caso dizia respeito a sementes tratadas quimicamente e não a plantas transgénicas. Considerou-se que, se a reivindicação abrangesse géneros de plantas sem reivindicar variedades individuais específicas, não infringia a alínea b) do artigo 53. Embora esta posição tenha sido revista num acórdão posterior, a questão da reivindicação de plantas transgénicas tinha surgido e a decisão era específica para uma variedade vegetal. Considerou-se que as plantas transformadas também podiam ser chamadas "variedades vegetais", porque possuíam um fenótipo caraterístico que era transmitido de forma estável e que a proibição da alínea b) do artigo 53. Neste cenário, as reivindicações de células vegetais foram concedidas e as reivindicações de plantas e sementes foram recusadas. Além disso, a questão de saber se o resultado final do processo de transformação de células vegetais poderia ser qualificado como um "produto microbiológico" foi posta em causa, dado que a transformação de células vegetais envolveu processos microbiológicos. Esta decisão foi amplamente criticada pelo sector das sementes, tendo o processo sido remetido para a Câmara de Recurso Alargada (EBA).

Posteriormente, a decisão foi objeto de recurso e a Câmara Técnica de Recurso (que tinha decidido anteriormente o processo relativo aos sistemas fitogenéticos) alargou algumas das preocupações à Câmara de Recurso Alargada no que diz respeito à interpretação da alínea b) do artigo 53. A ABE decidiu48 que as plantas transgénicas podem ser consideradas matéria patenteável e esta decisão foi tomada pela ABE depois de ter argumentado que "as plantas ou os animais transgénicos são obtidos por um processo técnico reprodutível e devem, portanto, escapar à exclusão". A ABE não resolveu a questão porque, na altura em que a CPE foi redigida, os únicos métodos de produção de variedades vegetais ou animais eram os métodos tradicionais de reprodução, que não são de natureza técnica e não são reproduzíveis. Dado que a maioria dos Estados-Membros era parte na Convenção UPOV na altura da decisão, havia, portanto, um risco de sobreposição entre a proteção concedida às variedades animais e vegetais ao abrigo do regime da Convenção UPOV e as disposições em matéria de patentes. Foi este o raciocínio que esteve na base da decisão da EBA e que foi aplicado no caso em apreço, uma vez que a UPOV proíbe a concessão de dupla proteção às variedades vegetais; estas variedades só foram excluídas da proteção por patente na medida em que estavam protegidas por direitos de obtentor vegetal ao abrigo da UPOV.

Patentes nos Estados Unidos

Uma das primeiras patentes americanas concedidas a um ser vivo foi em 1987 e dizia respeito a ostras poliplóides produzidas por uma técnica que, ao contrário de Diamond contra Chakrabarty, não envolvia engenharia genética. Com os desenvolvimentos posteriores no domínio dos direitos de propriedade intelectual relativos ao registo de patentes de matéria e organismos vivos, ficou estabelecido que o registo de patentes de "qualquer forma de vida" era admissível, mas com a condição prévia de ser obrigatória a "intervenção técnica humana" na produção do invento.

A indústria das sementes transgénicas tem uma ampla base e algumas das nove principais empresas americanas activas nas tecnologias de sementes transgénicas e de variedades vegetais são: Asgrow, Calgene, Dekalb, DuPont, Merck, Monsanto, Mycogen, Novartis e Pioneer HiBred. Os direitos de propriedade intelectual garantem que qualquer invenção num domínio específico não pode ser utilizada indevidamente por outros e não enriquece ninguém injustamente. Impedem qualquer pessoa (exceto o inventor) de vender, comercializar ou utilizar a invenção sem a autorização expressa do titular da patente. Os titulares de patentes devem apresentar um pedido de patente em cada país onde pretendem proteger a sua invenção. Após a apresentação de um pedido de patente inicial num determinado país, as empresas têm até um ano para apresentar um pedido noutro país. Isto pode incentivar a transferência de tecnologia entre países e promover novos desenvolvimentos na ciência e tecnologia, bem como inovações que conduzam a regimes de patentes e metodologias de proteção mais fortes.

Existem três tipos de invenções: as invenções de métodos, as invenções de genes e as invenções de variedades.

• As invenções de métodos dizem respeito a métodos de fabrico, processos de fabrico de instalações e métodos de produção.

melhoramento genético, engenharia genética e outras tecnologias conexas;

• As invenções relacionadas com os genes estão principalmente ligadas à cartografia das sequências genéticas, à recombinação dos genes e à utilização da tecnologia do ADN. técnicas genéticas, isolamento de genes e de certas proteínas, incluindo microrganismos unicelulares como as bactérias, etc.

• As invenções de variedades estão relacionadas com o crescimento de diferentes variedades de culturas e plantas e com a melhoria da qualidade da água e do ar. o desenvolvimento da indústria de sementes transgénicas para variedades específicas de culturas que são muito benéficas para o sector agrícola, uma vez que promovem maiores rendimentos e maior resistência às doenças. Entre as invenções de variedades mais populares encontram-se as variedades de milho, soja, trigo, milho e arroz, entre outras formas de variedades de culturas.

12 BIOTECNOLOGIA PARA O BEM-ESTAR DOS AGRICULTORES E A REDUÇÃO DA POBREZA

Qualquer tecnologia, incluindo as tecnologias agrícolas, pode, em princípio, ter efeitos positivos e negativos em graus variáveis, ou apenas um deles em certa medida. Para avaliar as tecnologias, são necessárias provas empíricas no ambiente socioeconómico, cultural e institucional específico. Este estudo analisou a difusão das culturas geneticamente modificadas nos países em desenvolvimento, numa perspetiva comparativa entre países, em termos da sua natureza e adoção, dos seus impactos, das políticas complementares necessárias e dos desafios associados às tendências oligopolistas que se desenvolvem no sector das sementes. O ritmo das descobertas no domínio das ciências biológicas tem sido rápido e as biotecnologias vão para além da engenharia genética. A primeira cultura biotecnológica não geneticamente modificada que utiliza a edição de genes foi introduzida no mercado em 2016, sob a forma de canola (mostarda) tolerante à sulfonilureia (SU) nos EUA. Nas culturas geneticamente modificadas, a tecnologia desenvolveu-se para comercializar várias (28) culturas geneticamente modificadas, em vez de apenas três anteriormente, nomeadamente a soja, o milho e o algodão, e para passar da expressão de um único gene, como a resistência a insectos e herbicidas, para produtos de segunda geração, como a tolerância à seca e atributos de qualidade melhorados. Os países em desenvolvimento representaram 54% dos 185,1 milhões de hectares dedicados a estas culturas em 2016, dissipando os receios de que os agricultores com poucos recursos destes países não beneficiassem destas tecnologias.

Os impactos económicos e agronómicos das culturas geneticamente modificadas têm sido rigorosamente estudados, embora continuem a existir controvérsias sobre a sua utilidade. Os resultados da investigação revista pelos pares sugerem rendimentos mais elevados, maior rendimento líquido e menor utilização de produtos químicos no âmbito da lavoura de conservação. A meta-análise mais recente estimou um ganho de rendimento de 22% associado a uma redução de 39% nas despesas com a proteção das plantas e a um aumento de 68% no rendimento líquido. Estudos longitudinais mostraram que, nos últimos 19 anos, estas culturas permitiram que a agricultura mundial ganhasse 150 mil milhões de dólares.

No entanto, o desenvolvimento da resistência das ervas daninhas em alguns países e a resistência do bollworm rosa ao Bollgard II na Índia realçam a necessidade de combinar medidas agronómicas para um controlo eficaz das pragas. As tecnologias requerem políticas complementares para otimizar o bem-estar social. Muito poucos países em desenvolvimento conseguiram criar um quadro jurídico em matéria de biossegurança e o nosso estudo revela que este é ainda um trabalho em curso, com esforços insuficientes para criar um organismo profissional que acalme os receios dos consumidores e tome decisões baseadas em dados científicos. Países como o Brasil e a Argentina avançaram rapidamente na difusão destas tecnologias, porque conseguiram criar este mecanismo. A Índia e a China ainda não iniciaram este processo, para não falar dos numerosos países em desenvolvimento com baixos rendimentos, nomeadamente no continente africano. A consolidação em curso, que está a transformar rapidamente o sector já concentrado num oligopólio, suscita sérias preocupações quanto ao provável aumento dos preços das sementes. É provável que esta tendência se mantenha durante algum tempo, se as forças de compensação não se reforçarem suficientemente nos próximos tempos. A primeira destas forças é a intensificação da investigação do sector público pelos sistemas nacionais de investigação agrícola (NARS) nos países em desenvolvimento. A segunda é a recente tendência para a inversão da proteção das patentes de sequências de ADN, que teve início com o veredito do Supremo Tribunal no processo Association for Plant Pathology v Myriad Genetics, nos Estados Unidos. No entanto, é prematuro prever o resultado final desta tendência.

Os países em desenvolvimento beneficiarão da integração destas tecnologias nos seus sistemas nacionais de investigação agrícola e de um maior investimento na investigação a montante e a jusante, participando simultaneamente de forma proactiva no processo de revisão dos instrumentos jurídicos internacionais relativos aos conhecimentos tradicionais atualmente em negociação. A terceira força de compensação para ultrapassar o poder assimétrico das empresas na investigação biotecnológica é a formação de parcerias público-privadas, como no caso da soja tolerante à seca (DT) na Argentina, do milho DT em África e de vários outros. Plataformas inovadoras como a Public Intellectual Property Resources for Agriculture (PIPRA), sediada na Universidade da Califórnia, Davis, e a Africa Technology Foundation, no Quénia, estão a mostrar o caminho para os governos dos países em desenvolvimento agirem no interesse dos agricultores pobres em recursos. Não se deve esquecer que uma grande parte das tecnologias patenteadas pelas empresas provém da investigação realizada a montante nas universidades públicas. Deste ponto de vista, é evidente que a ciência subjacente às tecnologias e o domínio do sector privado devem ser separados quando são tomadas decisões sobre a sua utilização. O excesso de regulamentação ou a ausência de qualquer mecanismo de regulamentação tem asfixiado as tecnologias desenvolvidas por instituições públicas e pequenas empresas com interesse para a agricultura dos países em desenvolvimento. Os países em desenvolvimento, como a Índia, têm todo o interesse em participar no discurso sobre o desenvolvimento, a fim de aproveitar as novas oportunidades decorrentes das rápidas descobertas no domínio das biociências para aumentar os rendimentos e o bem-estar das populações rurais cuja subsistência se baseia principalmente na agricultura (Rao, 2017).

Apesar dos esforços maciços das organizações nacionais e internacionais, um quinto da população mundial continua a viver na pobreza absoluta (ou seja, com menos de um dólar por dia) e quase 50% da população total do mundo vive com menos de dois dólares por dia. A pobreza extrema e a insolvência financeira traduzem-se em desespero e isolamento económico. A saúde pública e a produção alimentar são características de crise específicas dos Países Pobres Altamente Endividados (PPME). As pessoas pobres gastam até 80% dos seus rendimentos muito baixos em alimentação. A dieta das pessoas mais pobres é frequentemente deficiente em vitaminas, o que conduz não só à subnutrição, mas também a doenças e, nos casos mais graves, à cegueira. [st]No século XXI, estas pessoas pobres e todas as crianças devem ter o direito de usufruir de um maior bem-estar humano.

A redução da pobreza e o desenvolvimento económico requerem uma base estável de produção agrícola. Tanto mais que uma elevada percentagem da população dos países em desenvolvimento depende da agricultura para a sua subsistência. Neste contexto, os melhoramentos agrícolas de base científica desempenham um papel importante. Por conseguinte, tornou-se essencial que os investidores no desenvolvimento, como a FAO, examinem os progressos da biotecnologia aplicada ao melhoramento da agricultura e a forma como beneficiarão os pobres. A aplicação da biotecnologia ao melhoramento das culturas deve também considerar os benefícios para as pessoas que trabalham e vivem no agro-ecossistema e não as espécies vegetais em si.

Qualquer estratégia apoiada por investidores em desenvolvimento para a utilização da biotecnologia para melhorar a agricultura no mundo em desenvolvimento deve considerar a forma como abordará as questões da pobreza, tendo em conta que a redução da pobreza exige uma solução integrada devido à sua natureza multidimensional. A biotecnologia agrícola não deve ser encarada como uma panaceia, mas sim como uma das opções disponíveis para melhorar a produtividade sustentável e garantir a segurança alimentar, reduzindo assim a pobreza, em especial nas zonas rurais, cujos ambientes frágeis devem ser protegidos pela introdução de novas tecnologias respeitadoras do ambiente.

Parece ser necessária uma abordagem mais pró-ativa para garantir um acesso equitativo aos instrumentos de biotecnologia agrícola de propriedade privada, de modo a que os benefícios da chamada "revolução genética" cheguem aos pobres, especialmente nas zonas rurais dos países em desenvolvimento. Naturalmente, os produtos da biotecnologia agrícola desenvolvidos pelo sector privado devem ser utilizados tendo em conta as questões de segurança ambiental e de saúde humana.

As discussões devem ser alargadas de modo a envolver o público no debate sobre os riscos e os benefícios da utilização da biotecnologia agrícola para melhorar as culturas alimentares. Embora esta continue a ser uma questão sensível, especialmente para alguns no mundo industrializado, é um debate em que o mundo em desenvolvimento deve fazer ouvir a sua voz e estabelecer as suas próprias normas. Não devemos esquecer que os países em desenvolvimento têm economias, ecologias e climas muito diferentes. Têm de garantir que a nova ciência responde às suas necessidades e aspirações. Devem ser desenvolvidas disposições inovadoras em matéria de concessão de licenças, com base no rendimento, na dimensão das explorações agrícolas, na estrutura dos preços dos produtos de base e na natureza da tecnologia, que podem constituir um modelo de acordo sem as despesas gerais de negociação de cada acordo.

Ao incorporar a resistência às pragas nas culturas, os rendimentos e/ou a qualidade das culturas são melhorados, conduzindo a maiores lucros para os agricultores pobres e a uma segurança alimentar sustentável do ponto de vista ambiental, em especial nos países PPAE. Em suma, um potencial de rendimento e uma rendibilidade mais elevados e mais estáveis permitem aos agricultores pobres investir em factores de produção para produzir mais alimentos e rendimentos; do mesmo modo, rendimentos mais elevados podem conduzir a preços mais baixos dos alimentos para as populações urbanas e rurais pobres.

13 REFORMAS REGULAMENTARES NO DOMÍNIO DAS SEMENTES E DA BIOTECNOLOGIA

A Índia adoptou uma política de livre acesso ao material público e aos recursos fitogenéticos, tendo sido definidos procedimentos para o acesso ao material, nomeadamente para instituições de investigação e indivíduos estrangeiros. Os recursos fitogenéticos (PGR) foram canalizados através do National Bureau of Plant Genetic Resources (NBPGR), uma instituição do ICAR responsável pela conservação e intercâmbio de PGR. Esta política tem funcionado bem em termos de reforço dos programas de melhoramento das culturas e de desenvolvimento de variedades. Tem havido uma parceria produtiva entre o sistema nacional e o CGIAR para o melhoramento de plantas, resultando no desenvolvimento de variedades melhoradas de milho, trigo, arroz, painço, sorgo, leguminosas, amendoim, etc.

A situação mudou radicalmente com a adoção da Lei da Diversidade Biológica (2002), que confere à nação direitos soberanos sobre os seus recursos genéticos. Os cidadãos ou organizações estrangeiras devem agora obter uma autorização prévia da Autoridade Nacional para a Biodiversidade para aceder ao material indiano. O mesmo se aplica às empresas privadas que acedem a material indiano. Está igualmente prevista a obtenção de uma autorização prévia para a proteção da propriedade intelectual baseada no material indígena ou nos conhecimentos associados. Em caso de comercialização do produto derivado do material indígena ou dos conhecimentos associados, a lei prevê a partilha equitativa dos lucros, que é decidida pela Autoridade Nacional para a Biodiversidade (NBA). O sistema está em vigor e vários casos foram objeto de uma decisão de partilha de benefícios, sendo uma parte dos benefícios transferida para a comunidade local a que estava associada. O NBPGR continua a ser a agência nodal para o intercâmbio de recursos fitogenéticos para a alimentação e a agricultura. No entanto, as tendências não são muito encorajadoras. As estatísticas oficiais mostram tendências desiguais no intercâmbio de PGR, com uma tendência geral para a baixa.

No entanto, a Índia é signatária do Tratado Internacional sobre os Recursos Fitogenéticos, que facilita o intercâmbio de recursos fitogenéticos e prevê a partilha dos benefícios decorrentes da comercialização dos recursos fitogenéticos.

Isto significa que se regista um abrandamento no intercâmbio de material, mesmo entre programas públicos de melhoramento vegetal. No entanto, o sector privado está a introduzir novos materiais na Índia e a exportá-los para outros países após a aprovação obrigatória do NBA.

Procedimentos de avaliação e libertação de variedades

Os programas públicos de melhoramento vegetal dispõem de um sistema bem estabelecido de avaliação, identificação e notificação de variedades. Este sistema é gerido conjuntamente pelo ICAR e pelo DAC&FW sob a égide do Ministério da Agricultura e do Bem-Estar dos Agricultores. Inicialmente, o material de reprodução é avaliado pelos criadores em causa quanto à superioridade do rendimento e outras características económicas. O material assim identificado para a cultura em causa é apresentado ao All India Coordinated Crop Improvement Project para avaliação em locais seleccionados em diferentes zonas identificadas para a cultura. Estes ensaios são designados ensaios de avaliação inicial do rendimento. As variedades qualificadas em termos de rendimento, doenças e qualidade são recomendadas para ensaios em grande escala no âmbito dos Ensaios Varietais Avançados para avaliação económica e agronómica, que duram geralmente dois anos. Os resultados destes ensaios são avaliados pelo Comité de

Identificação de Variedades do ICAR e o material considerado superior ao controlo, ou seja, a variedade popular atual, é recomendado para libertação e notificação. As áreas de cultivo também são recomendadas e a variedade que tem bom desempenho num estado é recomendada pelo subcomité de sementes do estado para cultivo nesse estado. As variedades consideradas adequadas para mais do que um Estado são libertadas pelo Subcomité Central para as Normas de Cultivo, Notificação e Libertação de Variedades - Comité Central de Libertação de Variedades, constituído pelo Comité Central de Sementes, estabelecido ao abrigo da Lei das Sementes. As variedades são então notificadas pelo DAC&FW. O subcomité é composto por representantes dos institutos do ICAR, UAS, agências de sementes, governo e agricultores. As variedades aprovadas desta forma são utilizadas para produzir sementes de seleção. A Lei das Sementes da Índia (1966) prevê sementes de qualidade. Uma parte significativa das sementes comerciais do sector privado é fornecida sob a forma de sementes TLS não certificadas. Estas sementes incluem também variedades que não estão registadas ao abrigo da Lei das Sementes. Além disso, as empresas privadas de sementes foram autorizadas a vender sementes de variedades estrangeiras depois de as testarem, uma vez que o registo oficial de uma variedade não era exigido ao abrigo da Lei das Sementes. No entanto, o registo de novas variedades foi tornado obrigatório na Lei das Novas Sementes atualmente em apreciação no Parlamento.

Garantia da qualidade das sementes

A Lei das Sementes contém disposições legais para garantir a qualidade das sementes, uma vez que não existiam muitas agências de sementes na altura em que a lei foi aprovada. As normas de qualidade das sementes foram estabelecidas e especificadas na lei. O cumprimento destas normas é assegurado através da certificação das sementes por um organismo independente, a Agência Estatal de Certificação de Sementes. A agência é responsável pela verificação do cumprimento das normas durante a produção, a transformação e o acondicionamento das sementes. São efectuados testes de germinação e de crescimento para garantir a germinação, o vigor e a pureza genética. A rotulagem das sementes deve indicar a variedade, a percentagem de germinação, os materiais inertes, etc. O produtor de sementes deve emitir um rótulo branco que indique o cumprimento destas normas. O produtor de sementes deve emitir um rótulo branco que indique o cumprimento destas normas. As sementes que respeitam as normas prescritas recebem a etiqueta de certificação (etiqueta azul) do organismo de certificação, que é aposta em todos os sacos de sementes. As sementes TLS contêm apenas o rótulo branco emitido pelo produtor. A Lei das Sementes prevê igualmente o controlo da qualidade das sementes no ponto de venda. Os inspectores de sementes estão autorizados a recolher amostras de sementes nas lojas de venda a retalho e a submetê-las a ensaios em laboratórios criados para o efeito. O teste deve garantir que as sementes cumprem todas as normas (germinação, saúde, vigor, etc.) estabelecidas na lei; um lote de sementes que não cumpra estas normas é proibido de vender e podem ser tomadas medidas adequadas contra o produtor de sementes. No entanto, as provas sugerem que os casos de sementes de qualidade inferior são muito raros (Pal et al, 2007). Houve alguns casos de má germinação que se devem mais a razões agronómicas do que à má qualidade das sementes. Algumas empresas de sementes consideram que o papel da certificação por "terceiros" é limitado, pois por vezes atrasa o fornecimento de sementes devido ao tempo necessário para o ensaio de crescimento. Além disso, não reduz a responsabilidade da empresa por sementes de qualidade inferior. Por conseguinte, a maioria das empresas vende sementes TLS. Há também apelos para que a certificação de sementes seja voluntária e para que agências privadas sejam autorizadas a certificar sementes. A nova lei das sementes contém disposições para a auto-certificação e a acreditação de agências privadas de certificação de sementes.

Além disso, há outro aspeto da garantia da qualidade das sementes que é menos explorado nos países em desenvolvimento. As empresas de sementes têm interesse em garantir a qualidade das sementes e em proteger a sua imagem de marca, pelo que os requisitos de certificação podem ser flexibilizados. As associações de sementes também podem monitorizar a indústria de sementes e quaisquer empresas de sementes sem escrúpulos podem ser identificadas e processadas. medida que o sector das sementes amadurece, estas disposições relativas à qualidade das sementes tornar-se-ão mais eficazes. Estas disposições, combinadas com disposições legais para proteger os agricultores utilizadores através de fóruns de consumidores, podem contribuir muito para garantir a qualidade das sementes comerciais. No entanto, os fóruns de consumidores precisam de ser mais proactivos nas zonas rurais para responder às queixas dos agricultores.

Regulamentação e comercialização de OGM

Os regulamentos sobre o desenvolvimento de sementes transgénicas, a sua avaliação e comercialização começaram com o algodão transgénico, e foram elaboradas orientações na década de 1990. Como vimos no capítulo 2, estas regulamentações são regidas pela Lei de Proteção Ambiental (1986). A responsabilidade pela monitorização da investigação em transgénicos cabe ao Departamento de Biotecnologia (DBT), que responde perante o Ministério da Ciência e Tecnologia. O DBT criou o Comité de Revisão da Manipulação Genética (RCGM) para supervisionar a investigação e o desenvolvimento de produtos de

ADN recombinante ou transgénico. Este comité, composto por representantes de várias organizações científicas, autoriza as actividades de I&D e os ensaios de campo confinados no estrangeiro pelos organismos de investigação. O comité de biossegurança do instituto é responsável por acompanhar de perto a investigação de baixo risco realizada nos respectivos institutos e verificar as informações apresentadas ao RCGM. Os ensaios são realizados para obter benefícios económicos em relação aos riscos potenciais para a saúde humana e animal e para a segurança ambiental. Dependendo do nível de risco, são realizados três tipos de ensaios para produtos transgénicos. O primeiro são os ensaios confinados, efectuados em estufas ou estufins, que limitam a contaminação ou o cruzamento com outras plantas. Os ensaios de alto risco em estufa e os ensaios de campo confinados são efectuados em explorações experimentais com a aprovação do RCGM. Estes ensaios devem manter o isolamento prescrito para limitar o cruzamento e a contaminação.

Os ensaios de campo são autorizados pelo RCGM e pelo Comité de Aprovação da Engenharia Genética (GEAC) do Ministério do Ambiente e das Florestas. O GEAC é composto por representantes de organizações científicas, departamentos governamentais, organizações da sociedade civil, etc. São necessários ensaios de campo para manter o isolamento e testar a superioridade económica do material. O material promissor é recomendado para comercialização ou libertação ambiental de produtos de ADN recombinante. As considerações socioeconómicas envolvem uma deliberação explícita sobre os potenciais benefícios económicos, a sua distribuição entre os diferentes sectores de produtores e consumidores e o impacto nos não adoptantes. O GEAC autoriza igualmente a importação em grande escala de material geneticamente modificado para fins agrícolas e industriais. Propõe-se a criação da Autoridade Reguladora da Biotecnologia para uma melhor governação e coordenação, estando atualmente em apreciação no Parlamento um projeto de lei para o efeito.

Os direitos de propriedade intelectual e o sector das sementes

A gestão dos DPI não era importante na indústria de sementes indiana até as variedades vegetais e os métodos agrícolas serem elegíveis para proteção. As empresas privadas de sementes utilizavam principalmente a proteção biológica das linhas parentais proporcionada pela tecnologia híbrida. Este mecanismo continua a ser utilizado pelas empresas devido à sua eficácia. Além disso, a Lei sobre a Proteção das Variedades Vegetais e os Direitos dos Agricultores (2001) prevê a proteção de variedades vegetais novas e "existentes", incluindo as variedades dos agricultores. Existe também uma disposição relativa à partilha de benefícios quando é utilizado material protegido. Os direitos dos agricultores de guardar, utilizar e trocar sementes são protegidos, tal como o seu direito à partilha de benefícios enquanto protectores dos recursos genéticos. A Administração da Proteção das Variedades Vegetais e dos Direitos dos Agricultores (PPV&FR) é responsável pela aplicação desta lei. Como vimos, existe uma procura considerável de proteção das variedades vegetais, tanto no sector público como no privado. As instituições públicas (ICAR e SAU) publicaram directrizes para a proteção das variedades vegetais e a partilha dos benefícios com os obtentores em caso de comercialização. Outro desenvolvimento importante é a alteração da lei das patentes (a última em 2005) para permitir patentes de produtos e processos em todos os domínios da ciência e da biotecnologia, nomeadamente genes e microrganismos com intervenção humana, o que é particularmente importante para a indústria das sementes. Esta lei entrou em vigor em 2005 e foram concedidos direitos exclusivos sobre o gene Bt utilizado no algodão. Anteriormente, este gene era protegido pelo proprietário através de licenças concedidas a várias empresas de sementes em troca de um pagamento inicial e de royalties sobre as vendas de sementes, mas agora existe uma proteção legal. Para além do algodão Bt, a proteção das variedades vegetais é o DPI mais comum com implicações para a indústria das sementes. Esta secção examina os progressos realizados até agora em matéria de proteção das variedades vegetais na Índia.

Tendências nas aplicações de PVP

A Autoridade PPV&FR começou a funcionar em 2006 e, inicialmente, solicitou pedidos para apenas 12 espécies importantes de culturas alimentares ao abrigo da lei. Gradualmente, alargou a sua cobertura a outras culturas e, atualmente (2011), estão abrangidas um total de 54 espécies, incluindo cereais (8), leguminosas (7), oleaginosas (11), produtos hortícolas (7), especiarias (5), plantas fibrosas (6), plantas com flor (6), plantas medicinais (4) e outras culturas (3). O Instituto começou a receber pedidos em 2007 e, até 2014, foi recebido um total de 8 465 pedidos. Destes, o maior número de pedidos foi para a categoria das variedades existentes (EV), seguido das variedades dos agricultores (FV) e das novas variedades (NV). O número de novas variedades quase duplicou, passando de 153 em 2008 para 339 em 2014. As variedades dos agricultores aumentaram substancialmente, de 127 em 2009 para 1962 em 2014.

14 GENÓMICA E BIOINFORMÁTICA NA AGRICULTURA E BIOTECNOLOGIA

A "genómica" refere-se à utilização sistemática de informações sobre o genoma, em conjunto com novos dados experimentais, para responder a questões biológicas. As bases de dados genómicas são a janela pública de que dependerão as instalações genómicas de elevado rendimento. De certa forma, o êxito ou o fracasso dos projectos genómicos depende agora da disponibilidade e da utilidade para a comunidade científica dos dados que produzem. Esta interface entre a biologia e a informática é frequentemente designada por bioinformática. Várias inovações técnicas contribuíram para o êxito do projeto do genoma humano. As componentes de sequenciação e cartografia do projeto basearam-se fortemente nos avanços da automatização dos sequenciadores e da robótica, que permitiram a produção de dados de sequenciação a um ritmo extraordinário. Esta situação teria conduzido à "síndroma do afogamento de dados" se os avanços nas tecnologias da informação não tivessem dado origem à "bioinformática".

Atualmente, a bioinformática é em grande parte gerida através da proteção e posterior partilha de informações. O acesso aos dados sequenciados é essencial para continuar a progredir. Em meados da década de 1990, a tecnologia de comunicação interactiva, ou seja, a "tecnologia Internet", tornou-se amplamente acessível ao público. Este foi um grande estímulo para a genómica moderna. A World Wide Web proporcionou os meios para partilhar e integrar bases de dados, distribuir software e efetuar análises sofisticadas. Atualmente, existem pelo menos 400 bases de dados biológicos acessíveis na Internet e cerca de vinte aplicações informáticas para a análise de dados sequenciais. O Projeto Genoma Humano apoiou-se fortemente na partilha de informações e de conhecimentos, incluindo os detidos pelo sector privado. Esta revolução baseada no conhecimento pode estimular a investigação agrícola em benefício de todos.

Os esforços internacionais para estabelecer um projeto de genoma vegetal semelhante ao projeto do genoma humano são já uma realidade graças à iniciativa relativa ao arroz conhecida como Projeto Internacional de Sequenciação do Genoma do Arroz (IRGP), que é liderada pelo Japão. Recentemente, a Monsanto concordou em disponibilizar os dados do seu genoma do arroz a investigadores de todo o mundo. Alguns países em desenvolvimento estão conscientes deste novo domínio potencial e já investiram na genómica vegetal.

A necessidade de cooperação internacional para partilhar informações é agora mais relevante na genómica do que em qualquer outro domínio. Este domínio depende em grande medida de informações detidas por terceiros. Estas bases de dados são enormes, tanto em termos de dimensão como de profundidade. Estão constantemente a ser criadas novas informações e novas bases de dados e as antigas estão a ser alargadas. Inicialmente, o trabalho consistirá em extrair dados e determinar padrões, que conduzirão a diagnósticos e soluções. Isto conduzirá depois a questões-chave

- Sensibilizar os utilizadores para a necessidade de partilhar informações
- Acesso à informação, nomeadamente para aqueles que não têm acesso a ela
- Investimento em tecnologias da informação e da comunicação para promover a partilha e o acesso à informação

Principais condicionalismos e oportunidades

As principais limitações seriam a falta de acessibilidade para partilhar esta tecnologia e a falta de pessoas formadas que possam utilizar a informação. Atualmente, a indústria das

TI está a investir na bioinformática como um empreendimento comercial; a IBM e a Compaq investiram recentemente centenas de milhões em empresas de bioinformática. No futuro, a questão será a de saber como utilizar a informação em aplicações práticas, por exemplo, transformando os dados obtidos a partir da genómica e da bioinformática em diagnósticos ou terapias. Mais uma vez, isto exigirá equipas multidisciplinares de pessoal formado, capaz de associar a bioinformática aos conhecimentos da biotecnologia moderna, às relações entre doenças e hospedeiros e às práticas agrícolas.

Em bioquímica, é frequente ouvir os cientistas dizerem: "ADN é ADN", o que significa que não lhes interessa se o ADN provém de uma planta, de um animal ou de um micróbio. Embora este princípio seja semelhante em termos da aplicação dos DPI, existem alguns exemplos de diferenças, nomeadamente em termos de preocupações éticas.

A investigação em biotecnologia animal tem a vantagem de adquirir conhecimentos substanciais através de repercussões no domínio da genómica e da saúde humanas. No entanto, tem a desvantagem de competir com investigadores e investidores neste domínio.

O projeto do genoma humano produziu uma grande quantidade de informação que terá claramente um valor acrescentado na ciência animal. Do mesmo modo, o desenvolvimento de vacinas e de outros tratamentos para doenças beneficiará os investigadores no domínio das ciências animais.

Nos últimos anos, a ciência animal também viveu tempos difíceis em termos de relações e percepções públicas. A doença das vacas loucas e os recentes surtos de febre aftosa desviaram a opinião pública da ciência animal de alta tecnologia e, em particular, da aplicação da biotecnologia, para os chamados sistemas de produção "biológicos". Ironicamente, a epidemia das "vacas loucas" foi propagada pela reciclagem de resíduos animais.

Questões de ciência animal.

As questões críticas e alguns exemplos de como as abordar são os seguintes:

- Como pode a ciência animal inspirar-se no projeto do genoma humano? É talvez a curto prazo que se podem fazer os progressos mais rápidos na investigação genómica. O International Livestock Research Institute (ILRI) do CGIAR já está a trabalhar com o Genomics Research Institute (uma entidade sem fins lucrativos ligada à Celera Genomics) para sequenciar os genomas de parasitas animais. Isto permitirá a produção de novas vacinas para combater as doenças dos animais tropicais.

- E quanto às questões éticas que envolvem a clonagem de animais? Só esta questão mereceria um tratado inteiro. Se forem introduzidos genes de porco em galinhas, os muçulmanos podem comê-las? Se forem introduzidos genes de animais em plantas, os vegetarianos podem comê-los? Se um cromossoma for produzido sinteticamente e inserido num animal, isso é ético? Não há respostas simples para estas questões. As respostas a estes dilemas religiosos e éticos devem ser dadas por pessoas competentes neste domínio.

- E quanto aos aspectos de biossegurança da ciência animal? É evidente que certas doenças animais podem ser transmitidas aos seres humanos. Mais uma vez, as preocupações suscitadas pela doença das vacas loucas põem em evidência esta questão. As questões de biossegurança relacionadas com os estudos de investigação e a utilização do confinamento para a investigação em ciência animal são também muito complexas. É necessária uma investigação mais aprofundada neste domínio, especialmente quando se pensa que a doença pode ser transmitida aos seres humanos.

- Quais são os animais e as doenças prioritários? Este é um exercício de definição de prioridades a nível nacional. Deve ponderar as capacidades técnicas em função das necessidades e dos aspectos económicos. Faz sentido estudar parasitas e doenças que claramente atravessam as barreiras nacionais e causam problemas de saúde regionais.

Principais condicionalismos e oportunidades

Restrições :

As questões éticas associadas à ciência animal são mais complexas e estão mais estreitamente ligadas à cultura do que no caso das tecnologias vegetais.

- O impacto económico das doenças é significativo em todo o mundo. Os custos de produção e distribuição de vacinas podem ser recuperados por sistemas agrícolas de elevado valor, mas como podem estas técnicas ser aplicadas economicamente a pequenos agricultores com poucos recursos? Os argumentos neste domínio são muito semelhantes aos que se referem às doenças tropicais humanas. Ainda não resolvemos este problema para a malária, quando é que o resolveremos para as doenças animais? Há luz ao fundo do túnel. O Instituto de Investigação Genómica (TIGR) está a discutir um ensaio de vacina contra a malária para 2002.

Oportunidades :

A revolução da genómica humana pode e já está a revolucionar a ciência animal. A sinergia entre a investigação humana e animal oferece oportunidades únicas de partilha de plataformas e de redução de custos. Quando tivermos identificado genes do genoma humano com características específicas, é quase certo que poderemos aplicar os mesmos conhecimentos à ciência animal.

15 REGIMES DE IRP EXISTENTES: ALGUMAS QUESTÕES SOBRE A AGRICULTURA MUNDIAL

BIOTECNOLOGIA

Esta secção do documento de reflexão descreve as diferentes formas de proteção da propriedade intelectual existentes e descreve algumas das questões levantadas pela aplicação destes instrumentos de proteção da propriedade intelectual na agricultura.

Em muitos aspectos, a propriedade intelectual é como um pedaço de terra. Como qualquer outro ativo, pode ser comprada, vendida e alugada (ou seja, licenciada). No entanto, ao contrário dos bens imobiliários, a propriedade intelectual é intangível - não se pode tocar-lhe, pois trata-se de uma ideia ou invenção. Os mecanismos legais de patentes, direitos de autor, segredos comerciais e marcas registadas são utilizados para proteger esta propriedade intangível. Não se esqueça de que certos mecanismos contratuais, como as licenças ou os contratos de equipamento, têm como efeito a transferência dos direitos de propriedade sobre o equipamento. Uma compreensão básica destes mecanismos é essencial para qualquer pessoa cuja investigação possa conduzir a uma invenção, bem como para os administradores de investigação que têm de lidar com questões de propriedade intelectual, tanto para a aquisição como para a implantação.

Patentes

Uma patente é um acordo entre o governo e o inventor. O governo estabelece normas legais para os tipos de materiais que podem ser patenteados. Nalgumas jurisdições isto pode incluir organismos vivos, noutras pode estar isento e em muitas outras a lei é omissa sobre o assunto.

A Convenção de Paris, que está na base do Tratado de Cooperação em matéria de Patentes (PCT), estabelece as bases para o registo multijurisdicional de pedidos de patentes.

Em troca de um direito limitado no tempo (20 anos) de excluir terceiros de fabricar, utilizar ou vender a invenção potencial, o inventor deve fornecer uma descrição pública completa e exacta da invenção e da melhor forma de a "pôr em prática". A justificação para esta abordagem é o facto de permitir que outros membros do público utilizem esta informação para inventar mais, fazendo assim avançar a tecnologia em benefício da sociedade. Por outras palavras, a informação está disponível para todos, mas não pode ser utilizada com fins lucrativos sem um acordo de licença.

Este direito de exclusão significa que a patente é um "direito negativo", uma vez que o titular da patente só pode excluir terceiros de utilizar, fabricar, copiar ou vender a sua invenção.

Um conceito muito importante em termos de agricultura internacional é o facto de as patentes serem territoriais. Uma patente concedida num país geralmente não tem valor noutros países. No entanto, os produtos vendidos num país, mesmo que fabricados fora da área de patentes desse país, podem infringir uma patente se o produto for reimportado para o país onde a proteção é efectiva. Os requisitos em matéria de patentes variam consideravelmente de país para país, embora o PCT proporcione um mecanismo para uma certa harmonização.

Existem três tipos básicos de patentes legais: patentes de utilidade, patentes de design e patentes de plantas:

Uma patente de utilidade

é o tipo de patente com o qual a maioria das pessoas está familiarizada. É concedida para qualquer processo, máquina, fabrico ou composição de matéria novos e úteis, ou qualquer melhoramento novo ou útil dos mesmos. Por outras palavras, tem de ser ÚTIL.

Uma patente de desenho ou modelo

protege um desenho novo, original e ornamental de um artigo manufaturado

Uma patente de planta

protege uma variedade vegetal nova e distinta que se reproduz assexuadamente.

As taxas de manutenção das patentes de utilidade devem ser pagas 4, 7 e 11 anos após a data de concessão, caso contrário a patente caduca. Uma vez expirada a patente, a invenção cai no domínio público e qualquer pessoa pode utilizá-la sem a autorização do titular da patente.

Quais são, então, as questões-chave nas discussões sobre patentes na agricultura, que têm um impacto global, mas talvez um impacto ainda maior nos países em desenvolvimento?

- Os organismos vivos devem ser patenteados?

- Qual é o papel de outros mecanismos jurídicos, como a proteção das variedades vegetais?

- Até onde vai a isenção de investigação?

- O que é uma venda comercial?

- E a capacidade de reprodução para uso próprio, ou seja, as sementes dos agricultores?

- Será o custo proibitivo para as pequenas empresas, os países em desenvolvimento e o sector público?

Segredos de fabrico

Um segredo comercial é uma fórmula, modelo, dispositivo, processo, ferramenta, mecanismo, composto, etc., de valor para o seu proprietário, que não está protegido por uma patente e que não é conhecido ou acessível ao público.

outros. Desde que seja mantido em segredo, o proprietário pode obter muitas vantagens comerciais.

Esta forma de proteção é um mecanismo fraco, na medida em que, quando o segredo é revelado, é demasiado tarde!

A aplicação dos segredos comerciais levanta uma série de questões:

- É adequado que os organismos públicos mantenham as informações secretas?

- Quais são os custos associados à manutenção do sigilo?

- Como é que se gere a circulação do pessoal que tem conhecimento de segredos?

- A interação do sigilo comercial com outros instrumentos jurídicos, como as leis da liberdade de informação, ou a divulgação para fins regulamentares, como as autorizações de ensaios de campo.

Direitos de autor

Ao contrário de uma patente, que protege uma ideia e a sua implementação, os direitos de autor protegem a expressão de uma ideia, não a ideia em si. Esta expressão tem de estar numa forma recuperável, como a escrita, a tipografia, a gravação em fita magnética ou qualquer outro meio de armazenamento. Os direitos de autor abrangem a expressão em obras literárias ou musicais, programas de computador, filmes vídeo ou cinematográficos, registos sonoros, fotografias e esculturas. Ao contrário das patentes, os direitos de autor surgem automaticamente quando a ideia é fixada num meio de expressão tangível.

Embora a lei já não o exija, continua a ser útil afixar um aviso de direitos de autor na obra. Este aviso deve incluir o conhecido símbolo © ou a palavra "copyright", o ano da primeira publicação e o nome do detentor dos direitos de autor.

O proprietário da obra protegida por direitos de autor tem o direito exclusivo de controlar a cópia, a adaptação e a distribuição de cópias, as execuções públicas e as exibições públicas. Ao abrigo da "doutrina da utilização justa", outras pessoas podem fazer uma utilização limitada de uma obra protegida por direitos de autor para fins de crítica, comentário, informação noticiosa, ensino, estudo ou investigação sem infringir os direitos de autor.

A área dos direitos de autor tem estado muito ativa na última década. Os tribunais parecem estar a reforçar a aplicação dos direitos de autor, como no caso da música Napster, em que a doutrina da utilização justa foi aparentemente restringida. Dada a aplicação dos direitos de autor à proteção de outros dados importantes para a agricultura, como bases de dados genómicas, dados meteorológicos, imagens SIG, etc., tem havido muita atividade na última década.

As principais questões a debater em maior profundidade são as seguintes

- Direitos de autor sobre bases de dados, implicações para a genómica.

- Posição clara sobre a "utilização justa", que impacto terá na investigação?

- Acordos mundiais sobre a aplicação dos direitos de autor

- Que grau de modificação é necessário para indicar que a informação é nova?

- Impacto da Internet nos direitos de autor e no tratamento equitativo

Marcas registadas

Uma marca registada é uma palavra, nome, símbolo ou dispositivo utilizado por uma pessoa singular ou colectiva para identificar os seus produtos e distingui-los de outros. Os logótipos comerciais são exemplos comuns de marcas registadas. [TM]Os direitos de marca registada podem ser reivindicados utilizando o conhecido indicador de marca registada em associação com determinados produtos ou serviços. As marcas registadas desempenham um papel essencial no desenvolvimento da "imagem" de um produto ou serviço. Este facto conduz ao conceito de propriedade intelectual de "marca". A marca tem sido amplamente utilizada no sector agrícola ao longo dos anos, por empresas de sementes, fabricantes de alimentos e bebidas e mesmo associações de produtos de base nos países em desenvolvimento, como a utilização eficaz da marca "Juan Valdez" pelos produtores de café colombianos.

A imagem de marca, ou a proteção da marca, está mais uma vez a levantar questões para o sector agrícola mundial:

- A imagem de marca dos produtos agrícolas e o seu efeito nos mercados
- Globalização do marketing
- Controlo de qualidade e imagem de marca

- Utilização de termos indígenas numa marca, por exemplo, Jasmine ou Basmati

- Custos de imagem de marca

Depois de termos abordado os elementos básicos dos actuais regimes de propriedade intelectual e as questões que suscitam para os interessados na investigação e desenvolvimento agrícolas, passemos a examinar algumas das interfaces cruciais dos mecanismos de DPI na biotecnologia, bem como a interação entre os DPI e outras questões económicas estruturais, como o comércio.

Oportunidades e condicionalismos dos mecanismos de propriedade intelectual em matéria de biotecnologia agrícola nos países em desenvolvimento

Não há dúvida de que os DPI têm um impacto substancial no investimento em biotecnologia na indústria. Isto levanta questões de acesso à tecnologia e de fixação do preço dos produtos. O desenvolvimento desta nova ciência patenteada levanta oportunidades e problemas para os países em desenvolvimento. Estes problemas são os seguintes:

Oportunidades :
O crescimento da ciência proprietária oferece uma série de oportunidades potencialmente interessantes:

(a) Acesso às novas ciências.

(b) Desenvolvimento de relações comerciais.

(c) Desenvolvimento de novas parcerias.

(d) Novos mecanismos de distribuição de novos produtos.

(e) Aumento do valor/receitas para reinvestimento na ciência.

Problemas/constrangimentos :

É claro que o desenvolvimento da ciência exclusiva pode ter inconvenientes:

(a) Problemas de acesso.

(b) Tratamento das licenças exclusivas.

(c) Questões de responsabilidade.

(d) Condições de acesso.

(e) Custo de acesso.

(f) Não estabelecimento de condições humanitárias de licenciamento.

16 PI NA INVESTIGAÇÃO E NA AGRICULTURA

É amplamente aceite que um quadro de proteção da propriedade intelectual (PI) e os seus limitados direitos de exclusividade têm servido para incentivar a investigação e o desenvolvimento. A biotecnologia é frequentemente citada como um exemplo do poder estimulante da PI no investimento em investigação. O caso histórico <u>Diamond v Chakrabharty,</u> em que o Supremo Tribunal dos EUA decidiu que as patentes de utilidade podiam ser concedidas a organismos vivos, permitiu indubitavelmente o investimento em biotecnologia com uma possibilidade realista de recuperar esse investimento.

Este boom no investimento em biotecnologia nos países industrializados continuou ao longo da década de 1990 e no novo milénio. Apesar da queda acentuada do investimento em tecnologias da informação desde 2000, o investimento em investigação biotecnológica continua a crescer. O US Patent & Trademark Office tem atualmente mais patentes pendentes do que as que concedeu nos seus mais de 200 anos de história, a maioria das quais nos domínios da biotecnologia e das tecnologias da informação. Este é um indicador indireto do impulso dado ao investimento em investigação.

Para os que estão ativamente envolvidos na investigação e desenvolvimento agrícola internacional, outro elemento fundamental da propriedade intelectual e da investigação é a aplicação da chamada "isenção de investigação". Esta disposição permite a uma pessoa utilizar uma invenção patenteada quando a intenção é utilizar a tecnologia patenteada para investigação posterior. O verdadeiro desafio aqui é definir adequadamente "investigação". A interpretação habitual deste termo é restritiva: a investigação efectuada por um cientista universitário que conduza ao desenvolvimento de novas variedades não é abrangida pela isenção para a investigação propriamente dita. Em parte devido à pressão pública para que a ciência financiada por fundos públicos seja considerada útil para a sociedade, é necessário que os organismos públicos assegurem que os resultados da sua investigação sejam "divulgados". Um dos desafios que as organizações públicas de investigação enfrentam em todo o mundo é, por conseguinte, a questão de saber em que medida devem procurar proteger a propriedade da sua investigação a fim de obter financiamento ou recuperar os seus custos, ou para garantir a adoção e implantação da sua tecnologia. Para incentivar uma cooperação mais estreita entre os sectores público e privado nos Estados Unidos, o Governo promulgou a Lei Bayh / Dole (1980). Esta lei permite que os organismos públicos de investigação detenham a propriedade das suas invenções se estas tiverem sido inventadas com fundos federais de investigação. Embora esta medida possa ser uma fonte de financiamento para as instituições públicas, também esbateu as linhas de vantagem comparativa entre os sectores público e privado.

Uma das primeiras questões fundamentais é saber se a investigação agrícola é, de alguma forma, "especial" no que diz respeito à propriedade intelectual e à investigação. O facto de o bem-estar humano depender dos alimentos, os prazos envolvidos no processo de investigação e o livre acesso global aos recursos genéticos contribuem para este conceito de estatuto especial. Por outro lado, há quem defenda que não existe uma diferença substancial entre os alimentos e os telefones, que a invenção é, portanto, neutra e que não há razão para lhe conceder vantagens especiais.

Já existem excepções no domínio farmacêutico, ligadas ao tempo necessário para colocar os produtos no mercado e ao elevado custo do desenvolvimento da investigação. Há boas razões para crer que os mesmos argumentos são válidos no domínio da biotecnologia, no que diz respeito à agricultura.

Apresentam-se a seguir algumas das questões críticas neste domínio que devem ser abordadas pelos decisores políticos a nível internacional, nacional e institucional. Embora o autor tenha uma opinião pessoal sobre estas questões, não é adequado apresentá-la nesta fase. O autor espera que o debate e o diálogo conduzam a uma posição consensual sobre algumas destas questões fundamentais.

(a) A proteção da propriedade intelectual estimula realmente o investimento na investigação agrícola?

(b) A investigação exclusiva pode ajudar a financiar a investigação nos países em desenvolvimento?

(c) Deverão os governos ou as instituições encarar este facto como uma fonte de receitas ou apenas como uma recuperação de custos?

(d) Será que os bens genuinamente "públicos" têm um papel a desempenhar, tanto a nível nacional como internacional?

(e) A edição desempenha um papel fundamental no domínio público?

(f) Qual é o âmbito da "isenção de investigação"?

Principais condicionalismos e oportunidades

Restrições :

É muito possível que a proteção da propriedade intelectual no domínio dos organismos vivos e da produção alimentar provoque reacções negativas por parte da opinião pública. Esta reação pode ser motivada, em parte, por crenças éticas ou religiosas fundamentais ou por uma compreensão incompleta dos factos envolvidos.

Há também o risco de que o impulso para produzir tecnologias globais para um mercado global, com todos os quadros regulamentares associados, empurre as pequenas empresas, e mesmo os países, para fora do mercado. As carteiras de propriedade intelectual das pequenas empresas serão devoradas pelas grandes. Há mesmo quem duvide que a atual legislação antitrust possa resolver adequadamente estas questões. As questões globais de antitrust também merecem muito mais atenção.

Oportunidades :

Chegou o momento de agir para harmonizar e simplificar o atual sistema de propriedade intelectual, a fim de nivelar as condições de concorrência para as pequenas entidades e os países que procuram uma proteção global. Os estatutos da propriedade intelectual podem ser alterados para recompensar as invenções de forma mais justa, incluindo as efectuadas através de canais não convencionais.

Quando o trabalho científico de elevada qualidade é realizado no sector público e é implementada uma proteção adequada e eficaz, pode ser possível utilizar os instrumentos dos DPI para aumentar o orçamento total atribuído à investigação pública. Começam já a surgir ganhos de criatividade e eficiência neste domínio. O sector público pode utilizar as

ferramentas dos DPI para gerar novas receitas e aumentar o investimento em investigação.

17 IPR E COMÉRCIO

O desenvolvimento de pactos comerciais regionais e internacionais tem sido alimentado por debates acesos, por vezes literalmente inflamados. Assistimos ao desenvolvimento de legislação relacionada com o comércio e de organismos organizadores como a APEC (Comunidade Económica Ásia-Pacífico) e a NAFTA (Associação Norte-Americana de Comércio Livre). Assistimos também à criação da Organização Mundial do Comércio (OMC) como fórum para estas questões.

A globalização da economia e o aumento maciço do comércio mundial conduziram à aplicação de regras e regulamentos relativos à propriedade intelectual também a nível mundial. As chamadas disposições TRIPS [Aspectos dos Direitos de Propriedade Intelectual Relacionados com o Comércio (Acordo Geral sobre Pautas Aduaneiras e Comércio - GATT/OMC)] colocaram o conceito de proteção da propriedade intelectual no centro das questões comerciais.

As questões de propriedade intelectual relacionadas com o comércio de produtos agrícolas estão a tornar-se cada vez mais comuns e, nalguns casos, os litígios envolvem países que mal produzem esses produtos, como é o caso da guerra das bananas entre os Estados Unidos e a Europa.

A utilização de barreiras não pautais ao comércio está a ser objeto de uma atenção crescente. Estes obstáculos podem assumir uma variedade de formas, desde questões de quarentena vegetal a preocupações de biossegurança e problemas com o fluxo de recursos genéticos. O atual impasse sobre os alimentos geneticamente modificados entre a Europa e os EUA já levou a uma série de discussões com governos em África e na Ásia, onde se estabelecem ligações claras entre a capacidade de exportar alimentos geneticamente modificados e a propriedade intelectual que controla a propriedade e a expressão desses genes.

Graças a uma série de convenções internacionais, a propriedade intelectual tornou-se uma prática global, ligada ao comércio. As barreiras que outrora faziam das patentes uma questão claramente nacional (territorial) foram consideravelmente reduzidas nos últimos anos.

Esta área de interface está ainda em convulsão e as próximas rondas de debate da OMC sobre a agricultura manterão claramente esta questão no centro das atenções. É essencial encetar um diálogo aprofundado sobre estas questões. A incapacidade de chegar a um compromisso poderá ter um impacto considerável nos mecanismos de produção e distribuição de alimentos, tanto a nível regional como mundial.

Os decisores políticos terão de enfrentar uma série de questões cruciais nos próximos anos:
a. Negociações da ronda agrícola da OMC.

b. Continuação da globalização do comércio agrícola.

c. A questão dos direitos de propriedade intelectual não pautais, por exemplo, a libertação de géneros alimentícios ou de organismos geneticamente modificados (OGM).

d. Globalização da proteção da propriedade intelectual e custos de transação concomitantes.

Principais condicionalismos e oportunidades

Restrições :

Os decisores políticos e o público em geral continuam a não ter informação sobre os prós e os contras dos regimes de DPI e das questões comerciais. Este facto deve-se, em parte, à polaridade das questões e aos interesses dos diferentes grupos que defendem as suas posições. Esta falta de informação, num formato utilizável, permite que vários grupos de interesse assumam o papel principal e divulguem a sua própria mensagem, independentemente dos factos. Precisamos de um debate equilibrado. Esperamos que este documento contribua para esse diálogo e conduza à produção de uma espécie de documento de consenso que indique as áreas em que uma posição é geralmente aceite. Deverá também indicar os domínios em que ainda há controvérsia.

É necessário trabalhar numa altura em que o ritmo da mudança não tem precedentes. As actuais estruturas regulamentares e a legislação nacional em vigor não são muitas vezes capazes de fazer face à rapidez e à natureza das mudanças comerciais em curso. Apesar dos prazos para a aplicação da legislação em conformidade com as regras da OMC, muitos países acabam por adotar legislação apressadamente, simplesmente para evitar sanções por incumprimento.

O contencioso comercial global, embora necessário no ambiente atual, é lento e dispendioso, favorecendo mais uma vez as grandes entidades em detrimento das mais pequenas. Devem ser desenvolvidos mecanismos mais eficazes para a resolução de litígios.

Oportunidades :

As novas tecnologias e as novas relações comerciais oferecem imensas oportunidades de crescimento, incluindo a rápida expansão de novos mercados acessíveis aos países em desenvolvimento. Continua a ser necessário melhorar o acesso aos mercados. A criatividade também deve ser incentivada para desenvolver novos mecanismos de crescimento económico, em especial para os sectores mais pobres da sociedade.

Os novos mercados oferecem o potencial para uma maior diversificação, maior produção e, consequentemente, mais e melhores oportunidades de emprego. É evidente que um melhor acesso aos mercados cria pressões concorrenciais internas que, num ambiente positivo, podem traduzir-se num aumento da eficiência e da produtividade. O impulso inicial deve centrar-se na melhoria do acesso dos países em desenvolvimento aos mercados industriais. Isto, por sua vez, conduzirá a um melhor acesso global ao mercado, o que beneficiará todas as partes interessadas. Também neste caso, o recurso a parcerias inovadoras, nomeadamente no sector privado, será crucial para o êxito deste processo de transformação.

18 O SECTOR PÚBLICO E OS BENS PÚBLICOS INTERNACIONAIS

A esmagadora maioria dos conhecimentos científicos é do domínio público. Constitui um conjunto de bens públicos internacionais. Não esquecer que as chamadas tecnologias proprietárias, com exceção dos segredos comerciais, são, pela própria natureza dos estatutos da propriedade intelectual, tornadas públicas como parte do direito exclusivo de as utilizar. Uma patente é o direito de impedir que outros utilizem, fabriquem ou vendam a sua invenção, _mas_ a natureza exacta da matéria patenteável deve ser totalmente divulgada ao público como contrapartida.

No final da vida legal de uma patente, o direito exclusivo desaparece e o material torna-se conhecido do público. Esta abordagem no domínio farmacêutico conduziu ao crescimento do mercado dos chamados "genéricos". Os produtos cujas patentes expiraram são então fabricados por várias empresas para venda direta no mercado.

No caso da agricultura, até à última década, a maior parte da informação e dos materiais era do domínio público. A Revolução Verde baseou-se, em grande medida, em documentos e conhecimentos das universidades e dos programas governamentais de investigação e melhoramento. Antes da Lei Bayh/Dole de 1980, toda esta informação era do domínio público.

No entanto, na última década, a capacidade e o incentivo dos organismos públicos para procurarem proteção da propriedade intelectual mudaram consideravelmente. A maioria dos laboratórios de investigação governamentais e as principais universidades do mundo industrial têm agora os seus próprios gabinetes de propriedade intelectual e patenteiam as invenções resultantes da sua investigação, incluindo as patrocinadas por agências governamentais.

Esta "privatização" da investigação do sector público esbateu as fronteiras no que diz respeito aos organismos internacionais que têm acesso aos materiais de investigação. No fundo, não é diferente negociar um acordo de licença com uma grande universidade do que com uma empresa multinacional.

De todos os domínios examinados no presente relatório, nenhum é tão complexo ou sensível como a determinação da propriedade de ideias e materiais. Há correntes de pensamento muito opostas sobre estas questões, ambas com argumentos racionais e convincentes. Há uma série de questões que devem ser abordadas:

(a) A atual "privatização" do património público é saudável?

(b) Estamos interessados na disponibilidade da informação ou na sua propriedade?

(c) Será económico privatizar estes sistemas?

(d) Em que medida pode esta tendência ser explicada pelo desejo de ganhar mais poder de negociação?

(e) Em que medida é que o acesso do público é mais importante do que a propriedade?

(f)   Os bens públicos internacionais são únicos?

(g)   A agricultura é uma circunstância única que pode ser objeto de uma derrogação?

Principais condicionalismos e oportunidades

Restrições :

Para os países em desenvolvimento, um dos principais condicionalismos será dispor das competências e das infra-estruturas informáticas e de bases de dados necessárias para aceder à enorme quantidade de dados públicos que estarão disponíveis.

medida que os dados se tornam proprietários, as competências necessárias para negociar acordos de licenciamento justos, não só com o sector privado mas também com o novo sector público, serão muito importantes.

Os custos associados aos DPI não são negligenciáveis. Os fundos utilizados para financiar bens públicos internacionais não são geralmente afectados aos custos dos DPI, e não é claro quem deve pagar.

A investigação em bens públicos é financiada pelas receitas fiscais. A utilização da propriedade intelectual como "moeda de troca" com o sector privado é frequentemente vista como uma dupla tributação, uma vez que as empresas já pagaram impostos.

Oportunidades :

As novas tecnologias oferecem aos países em desenvolvimento um acesso revolucionário à informação. As bibliotecas dos países em desenvolvimento, que dispõem de um stock deficiente, podem ser equiparadas aos padrões mais elevados possíveis com um investimento mínimo em bases de dados e infra-estruturas. Em suma, os livros estão a tornar-se rapidamente um meio obsoleto para a divulgação e transferência de tecnologia, com todos os países a terem igual acesso aos dados! Que oportunidade para a divulgação de tecnologia e investigação inovadora e criativa para um mundo melhor.

19 INTERACÇÕES ENTRE OS SECTORES PÚBLICO E PRIVADO

Foram criados modelos interessantes para melhorar e promover a interação e a cooperação entre os sectores público e privado. Cada sector traz o seu próprio conjunto de vantagens comparativas para a relação e a sinergia é alcançada através destas interacções.

A base para relações bem sucedidas é complexa e envolve confiança, compreensão mútua, respeito pelos objectivos e metas e um conjunto claro de objectivos institucionais. As questões da confiança e da compreensão não devem ser subestimadas.

Na última década, foram criados vários programas para promover as interacções público-privadas, incluindo o ABSP, um programa financiado pela USAID, o ISAAA, um programa sem fins lucrativos sediado na Universidade de Cornell, e o IBS (Intermediary Biotechnology Service) gerido pelo ISNAR (International Service for National Agricultural Research), um dos centros de investigação do CGIAR.

Como já foi referido, o estabelecimento de relações produtivas entre estes sectores é complexo e moroso. Estes acordos a nível internacional apresentam complicações adicionais devido a questões de soberania em matéria de direitos de propriedade intelectual e de assuntos regulamentares. Registaram-se alguns progressos, como o demonstram os exemplos seguintes:

(a) O projeto ABSP estabeleceu uma vasta gama de parcerias com grandes e pequenas empresas, universidades e organismos de investigação governamentais, tanto nos EUA como em vários países em desenvolvimento. Estas parcerias incluem

- DNAP, uma empresa de investigação de pequena capitalização em Nova Jersey, e produtores do sector privado na Indonésia e na Costa Rica.
- O Instituto Egípcio de Investigação em Engenharia Genética Agrícola e a Pioneer Seeds.
- Monsanto Company e o Instituto de Investigação Agrícola do Quénia.
- Zeneca Seeds e Instituto de Investigação de Culturas Alimentares da Indonésia.

(b) Questões de responsabilidade pelo produto e pela tecnologia. Quando uma empresa "doa" a sua tecnologia a um programa em desenvolvimento, renuncia às receitas mas não fica isenta de qualquer responsabilidade.

(c) A questão da confidencialidade é essencial para estabelecer a confiança neste tipo de acordo. Isto é verdade não só no domínio da propriedade intelectual, mas também no da regulamentação. É necessária uma melhor compreensão da importância da confidencialidade para o sector privado.

(d) É necessário analisar mais pormenorizadamente os elementos que contribuem para uma parceria bem sucedida: confiança, as partes, regras básicas, focalização no produto, etc.

(e) Existem diferenças entre os países em desenvolvimento e os países industrializados em termos do que esperam de um acordo de parceria?

Principais condicionalismos e oportunidades

Restrições :

A privatização e a globalização da investigação são susceptíveis de provocar reacções negativas por parte do público, nomeadamente no que diz respeito às questões de saúde e segurança.

No entanto, é essencial que os países em desenvolvimento possam estabelecer os seus próprios parâmetros em termos de riscos e benefícios.

Oportunidades :

A força vital da investigação, quer no sector público quer no privado, é o conhecimento, associado à capacidade de aceder a esse conhecimento e de o desenvolver em novos produtos e tecnologias. Todos os sectores da sociedade podem beneficiar enormemente de uma melhor partilha de conhecimentos.

É evidente que estas parcerias podem gerar sinergias substanciais. Pode mesmo acontecer que o impacto de uma tecnologia do sector privado num produto de base ou numa doença importante possa ser utilizado pelo sector público em culturas ou doenças órfãs para as quais o sector privado não consegue obter benefícios equitativos de um ponto de vista puramente económico.

O sector público continua a ser o principal produtor de matéria-prima para a inovação, nomeadamente de pessoas qualificadas! O papel da educação no desenvolvimento de competências científicas, jurídicas e empresariais não pode nem deve ser subestimado.

As chamadas culturas "órfãs" podem oferecer oportunidades únicas, como os chás biológicos, as plantas medicinais, as especiarias, etc. Isto requer a utilização de propriedade intelectual criativa para conceber estratégias de marketing, desenvolver marcas, etc.

Há também oportunidades de desenvolver abordagens globais para iniciativas estratégicas de investigação. A melhoria das comunicações deverá incentivar o crescimento das infra-estruturas de investigação nos países em desenvolvimento, se a propriedade intelectual puder ser protegida. Um exemplo é o domínio das tecnologias da informação, em que a Índia tem atualmente mais programadores de software do que a maioria dos outros países.

20 CONCLUSÕES

A Índia já fez uma mudança de política significativa a favor da propriedade intelectual no sector das sementes há duas décadas, quando se tornou membro da Organização Mundial do Comércio (OMC) em 1995. Muitas leis existentes foram alteradas, incluindo três alterações à Lei das Patentes de 1970, que permitem o registo de patentes de sementes produzidas por métodos não biológicos, como os utilizados na biotecnologia moderna. Foram também aprovadas novas leis em matéria de propriedade intelectual com impacto na agricultura: a Lei sobre as Indicações Geográficas de 1999 e, sobretudo, a Lei sobre a Proteção das Variedades Vegetais e dos Direitos dos Agricultores (PPV&FR) de 2001, para alinhar o sector das sementes indiano com os requisitos do Acordo TRIPS da OMC.

Ao contrário dos anteriores direitos de propriedade intelectual, a política nacional de DPI não nasceu de um acordo multilateral vinculativo, mas de uma relação bilateral entre a Índia e o governo dos EUA.

No início de setembro de 2014, a Ministra de Estado do Comércio e da Indústria, Nirmala Sitharaman, anunciou que a Índia teria uma "nova" política de DPI no prazo de seis meses. Um grupo de reflexão sobre DPI foi constituído pelo Departamento de Política e Promoção Industrial (DIPP), Ministério do Comércio, em outubro de 2014, e um comunicado de imprensa anunciando-o foi emitido em 24 de outubro de 2014. O desenvolvimento de uma política nacional de DPI estava no topo da lista de atribuições do grupo de reflexão. O Departamento, através do seu DIPP, anunciou o primeiro projeto da Política Nacional de DPI em 30 de dezembro de 2014 e até convidou as partes interessadas a apresentarem comentários até 30 de janeiro de 2015. O Grupo de Reflexão sobre DPI apresentou o seu projeto final ao DIPP em abril de 2015.

O Primeiro-Ministro Narendra Modi fez a sua primeira visita aos Estados Unidos no final de setembro de 2014. Desde então, o bilateralismo entre a Índia e os EUA aprofundou-se, nomeadamente no que respeita à questão da propriedade intelectual. Isto inclui a criação de um grupo de trabalho conjunto indo-americano sobre propriedade intelectual. A nova política do DIPP deve ser vista no contexto desta relação.

Apesar da complexidade destas questões, vou tentar fazer uma lista dos principais pontos de discussão que merecem ser aprofundados. Muitas vezes, não há conclusões ou resoluções concretas que possamos trazer para estas questões. Não devemos procurar o preto no branco numa área que pode ser cinzenta por natureza. Mas vamos discutir e debater o seguinte: Embora o autor apresente os seus próprios comentários sobre estes pontos, será necessário aperfeiçoar estas posições com base em novos contributos para o debate.

O que pode ser feito para melhorar o debate sobre a harmonização e os custos das patentes?

Os cientistas e os decisores políticos devem adotar uma atitude mais pró-ativa. O sector privado dará um apoio substancial a este tipo de mudança. As instituições precisam de mais formação e educação para desenvolver estratégias que reduzam os custos de registo de patentes através da seleção de países-alvo para a tecnologia. O recurso a parcerias inovadoras, em que os parceiros partilham ou suportam a totalidade dos custos de registo, é também importante.

- Como podemos avaliar o impacto do investimento privado na investigação agrícola e no desenvolvimento de produtos?

Várias organizações, incluindo o Banco Mundial e o IFPRI, já realizaram trabalhos neste domínio. São necessários mais estudos, que devem abranger uma série de modelos. A tónica não deve ser colocada nas grandes multinacionais agrícolas em si mesmas, mas também nas pequenas empresas de sementes com capital de risco nos países em desenvolvimento.

- O que é que se pode fazer para garantir a equidade para aqueles que fornecem as matérias-primas tão essenciais para o desenvolvimento de novos produtos na agricultura?

A questão de como garantir a "partilha de benefícios" para os indivíduos ou comunidades que foram os "inventores" ou "proprietários" da tecnologia ainda está a ser debatida. O governo tailandês aprovou recentemente legislação que tenta associar a partilha de benefícios à proteção das variedades vegetais. Este mecanismo, embora apresente alguns problemas de aceitabilidade internacional, tem mérito e merece um estudo mais aprofundado.

- Como podem os DPI ser equilibrados e integrados noutras áreas do desenvolvimento de produtos, como a análise regulamentar?

É necessária uma formação mais integrada para abordar toda a questão da "gestão de produtos". Existe uma vasta gama de diferentes questões relacionadas com a utilização de produtos que devem ser separadas e depois reintegradas para cumprir as normas alimentares e sanitárias locais e globais.

- Como podemos desenvolver uma melhor compreensão e capital humano neste domínio?

Há uma enorme necessidade neste domínio. O ensino universitário deve centrar-se mais nos DPI e no desenvolvimento empresarial. Os cientistas devem também ser sensibilizados para o ambiente favorável que pode estar associado a uma gestão eficaz dos DPI.

- Como podem ser debatidas e abordadas as questões éticas associadas a estes problemas?

Temos de redobrar os nossos esforços para colocar estas questões na agenda daqueles que se ocupam da ética e da ciência. A FAO tem um papel fundamental a desempenhar neste domínio. O facto de existirem provas científicas de que algo pode ser feito não significa que deva ser feito.

- Como é que os bens públicos nacionais e internacionais podem ser desenvolvidos e utilizados da forma mais eficaz possível?

A ciência pública precisa de ser mais amplamente divulgada. Por vezes, esta ciência tem de ser apresentada de uma forma que a torne atractiva para um público mais vasto. É igualmente necessário utilizar de forma criativa as licenças e as parcerias para assegurar a atualização dos bens públicos.

Que papel desempenham neste debate organizações internacionais como a FAO, a OMPI e a OMC?

É evidente que estas organizações têm um papel fundamental a desempenhar. No entanto, é necessário ir além das "meras palavras" e desenvolver programas inovadores de educação, parceria e desenvolvimento científico para testar os diferentes modelos que podem existir para utilizar a propriedade intelectual como um mecanismo para melhorar a transferência de tecnologia para os países em desenvolvimento.

BIBLIOGRAFIA

ARAI, Business Standard, Comissão de Planeamento, Gabinete Jurídico da Índia, TechSci
Research.

Borloug, N.E., 1997. Alimentar um mundo de 10 mil milhões: o milagre que se avizinha.
Plant Tissue Culture and Biotechnology 3:119-127.

Conway, G., 1997. The Doubly Green Revolution - Food for All in the Twenty-First
Century (A Revolução Duplamente Verde - Alimento para Todos no Século XXI).
Penguin Books, Harmondsworth, Reino Unido.

Ersbisch, F.H. e K.M. Maredia (eds.), 1998. Intellectual Property Rights in
Biotecnologia agrícola. Biotechnology in Agriculture 20 CAB International, Wallingford,
Oxon, Reino Unido.

Evans, L.T., 1998. Feeding the Ten Billion: Plants and Population Growth (Alimentar os
Dez Mil Milhões: Plantas e Crescimento Populacional). Cambridge University Press,
Cambridge, Reino Unido.

Fischer, K.S., J. Barton, G.S. Khush, H. Leung e R. Cantrell, 2000. Collaborations in
Rice. Science 290:279-280.

http://interest.ip.thomsonreuters.com/InnovationAwards. Acedido em 14-05-2016.

ICAR, (2014a), ICAR Rules and Guidelines for Professional Service Functions. Conselho
Indiano de Investigação Agrícola, Nova Deli.

ICAR, (2014c). Fundação Nacional para a Inovação Agrícola. Documento do XII Plano
EFC aprovado.

Ives, C. e B. Bedford (eds.), 1998. Agricultural Biotechnology in International

Desenvolvimento. Biotechnology in Agriculture 21. CAB International, Wallingford,

Oxon, Reino Unido.

James, C., 1996. Investigação e desenvolvimento agrícola: a necessidade de uma parceria

público-privada.

Parcerias sectoriais. Agricultural Issues 9. CGIAR, Washington DC.

John Dodds Dodds & Associates 1707 N St. NW Washington DC 20036,

www.doddsassociates.com Direitos de propriedade intelectual na agricultura (nota "Issues

& Dialog")

KalpanaSastry, R., H. B. Rashmi e N. H. Rao, (2010). Nanotecnologia para melhorar a

segurança alimentar na Índia. Food Policy Volume 36 (3): 391-400.

Krishna, V.S.(2007) bioethics and biosafety in biotechnology, In New Age Int. Ltd. Vol-

I, pp19-30.

Kumar, V e Sinha, K, (2015.) Status and Challenges of Intellectual Property Rights in

Agricultural Innovation in India". Journal of Intellectual Property Rights. Vol. 20, pp.

288-296

MoA (Ministério da Agricultura) (2013), Base de dados do inquérito sobre os factores de

produção. Disponível em: http:// inputsurvey.dacnet.nic.in/ nationaltables.aspx.

NITI Aayog, (2016). Instituição Nacional para a Transformação da Índia. Em:

http://niti.gov.in/content/self-employement-talent-utilization. [Acedido em 26 de maio de

2016].

NSAI (Associação Nacional de Sementes da Índia) (2011), Revista NSAI (abril-junho).

New Delhi.

Pal, Suresh, R Tripp e NP Louwaars (2007), Intellectual property rights in plant breeding and biotechnology: assessing impact on the Indian seed industry. Economic and Political Weekly XLII 42(3): 231-240.

Persley, G. e M. Lantin (eds.), 2000. Agricultural Biotechnology and the Poor.

Actas de uma conferência internacional sobre biotecnologia, Washington DC, 21-22 de outubro de 1999. CGIAR, Washington DC.

Pinstrup-Andersen, P., R. Pandya-Lorch e M. Rosegrant, 1999. World Food Outlook: Critical Issues for the Early Twenty-First Century. IFPRI, Washington DC.

Rao, N.C. (2017). Biotecnologia para o bem-estar dos agricultores e redução da pobreza: Tecnologias, impacto e quadro político . Jornal de investigação em economia agrícola. Vol. 30 2017 pp 241-256.

Schioler, E., 1998. Good News from Africa: Farmers, Agricultural Research and Food in the Pantry. IFPRI, Washington DC.

Seednet (2012), Sistema de Gestão de Variedades de Sementes (disponível em http://seedvariety. dacnet.nic.in/).

Serageldin, I. e G. Persley, 2000. Promethean Science: Agricultural biotechnology, the environment and the poor. CGIAR, Washington DC.

Serageldin, I., 1999. [st] Biotecnologia e segurança alimentar no século XXI. Ciência 285:387-389.

Shalini, B. (2016) A política de direitos de propriedade intelectual não atende aos direitos e necessidades dos agricultores na legislação agrícola; The Wire.

Sharma, H.C. e R. Ortiz, 2000. Transgénicos, gestão de pragas e ambiente. Current Science 79:421-437.

Sharma, K.K. e R. Ortiz, 2000. A programme for the application of genetic transformation for crop improvement in the semi-arid tropics. In Vitro Cell Development Biology 36:8392.

Thomson Reuters (2016). Prémio de Inovação Thomson Reuters Índia. Disponível online em

Tribe, D., 1994. Alimentar e tornar o mundo mais verde: o papel da agricultura internacional.

Investigação. Fundo Crawford para a Investigação Agrícola Internacional - CAB International, Wallingford, Oxon, Reino Unido.

Venkatesh, P; Nithyashree ML e Suresh Pal (2017) Indian Seed Industry in the Era of Intellectual Property Rights, Agri R&D policy in India. ICAR-NIAEPR. pp 73-100.